D1872299

DELIUS KLASING

Thomas Rögner

DER ULTIMATIVE BIKE-WORKSHOP

Alle Reparaturen

Kaufberatung

Profi-Tipps

Federgabel-Tuning

Fullsuspension-Wartung

Pflege und Einstellung

DELIUS KLASING VERLAG

INHALT

18
3
WILD
11
13
10
12
17

MEHR FAHRVERGNÜGEN

Mountainbiken ist Spaß und Naturerlebnis – auf dem Geländefahrrad sind einem keine Grenzen gesetzt. Mit einem optimal eingestellten und gewarteten Bike kann man sogar die Alpen überqueren.

Im Vergleich zur hundertjährigen Geschichte des Fahrrads in Europa ist das Mountainbike ein junges Küken. Doch keine andere Fahrradgattung hat die Entwicklung neuer Techniken und Materialien schneller und intensiver beeinflusst als das Geländerad aus Amerika. In wenigen Jahren haben sich bissige Cantilever- und Hydraulikbremsen, leichtgängige Rasterschaltungen und ausgeklügelte Dämpfungssysteme, die für mehr Komfort und Sicherheit sorgen, als Standard etabliert. Auch die Entwicklung von haltbaren Carbonrahmen wurde stark vorangetrieben. Das Bike ist sozusagen der Turboantrieb für die Fahrradindustrie.

Der Erfolg der Gattung »Mountainbike« liegt aber auch im Menschen selbst begründet. Das Bike hat viele Leute so mobil gemacht wie kein anderes Fortbewegungsmittel zuvor. Vom schnellen Einkaufstrip in die City bis zur mehrwöchigen Tour ist alles möglich. In einer zunehmend technisierten und hektischer werdenden Umwelt erfüllt das Geländefahrrad zudem ein wichtiges Bedürfnis unserer Gesellschaft: Zurück zur Natur und zu sich selbst – das Mountainbike ist das ideale Vehikel dafür, die Welt mit neuen Augen zu sehen.

Ob allein, mit Freunden oder in einer netten Gruppe, auf einem Bike ist das Erlebnis der eigenen Kräfte und der Umwelt so intensiv wie in keiner anderen Sportart. Nur so ist auch der Boom zu Extremtouren wie den zahlreichen Marathons in Europa und die immer größer werdende Nachfrage nach Alpenüberquerungen zu erklären. Mit eigener Kraft hundert und mehr Kilometer am Tag zurückzulegen und dabei Berge mit zwei- und dreitausend Metern Höhe zu überwinden, übt eine Faszination aus, die denjenigen nicht mehr loslässt, der diese Erfahrung einmal gemacht hat. Wer vom Bazillus »Biken« angesteckt ist, möchte seine Grenzen immer wieder testen und hinausschieben.

Ein Mountainbike ist mehr als die Summe seiner Teile. Wer sich auch durch kleine Reparaturen mit seinem Geländerad auseinandersetzt, wird bald die Freude an beherrschbarer Technik neu entdecken.

BEIM BIKE HAT MAN NOCH ALLES IM GRIFF

Bei all diesen Extremen ist das Geländerad jedoch relativ einfach und überschaubar geblieben. Im Gegensatz zu anderen modernen Alltagsgeräten wie Videorekorder, Computer etc. bleibt beim Mountainbike das vertraute Gefühl, die Technik zu verstehen und damit umgehen zu können. Ein Bike ist bei allem High Tech und Raumfahrt-Material immer noch von jedermann beherrschbar und auch reparabel. Gibt Ihr Auto heute unvermittelt den Geist auf, bleibt nur der Gang zur Notrufsäule oder der Anruf beim ADAC. Die guten alten Vergaser und Verteiler sind einer undurchschaubaren Black Box mit Elektronik und chipgesteuerter Einspritzung gewichen. Keine Chance mehr einzugreifen. An Ihrem Bike dagegen können Sie – ein wenig handwerkliches Geschick und das

Mit dem Rad auf Alpenüberquerung: Mit keinem anderen Sportgerät erfährt man die Natur so hautnah wie mit einem Mountainbike. Man legt weite Strecken fernab der Zivilisation zurück. Richtig gewartet und eingestellt lässt einen das Mountainbike kaum im Stich, mit den richtigen Tricks kommt man immer wieder weiter.

richtige Werkzeug vorausgesetzt – alle Reparaturen und Wartungsarbeiten selbst durchführen. So macht man sich mit seinem Sportgerät vertraut und erntet gleichzeitig die Belohnung, mit eigener Kraft die Technik noch im Griff zu haben. Bei Pannen ist man nicht hilflos und kommt jederzeit wieder nach Hause oder zum nächsten bewohnten Ort – ein beruhigendes Gefühl.

SELBERMACHEN BRINGT SPASS

Wie das funktioniert und welches Werkzeug Sie benötigen, um Ihr Bike optimal in Schuss zu halten und lange Spaß daran zu haben, erfahren Sie in diesem Buch. Zusammen mit dem Technik- und Reparaturspezialisten Matthias Rotter sowie Redakteuren des Fachmagazins »BIKE« habe ich alle notwendigen Wartungs- und Reparaturarbeiten an einem Mountainbike zusammengestellt und in verständlichen, leicht nachvollziehbaren Schritten mithilfe zahlreicher Fotos und Grafiken erläutert. Wir greifen auf die umfangreiche Erfahrung der Test- und Technikabteilung des BIKE-Magazins zurück, die in über fünfzehn Jahren tausende von Mountainbikes ausführlich und kritisch unter die Lupe genommen und bewertet hat.

Zusätzlich erhalten Sie in diesem Buch wertvolle Tipps zum Kauf eines Mountainbikes und Erklärungen über Qualitätsmerkmale und die verwendeten Materialien für Rahmen und Komponenten. Außerdem gibt's jede Menge Informationen zum Tuning Ihres Mountainbikes und alle Hinweise zur optimalen Abstimmung der Dämpfung und der Federgabel. Weitere aktuelle Infos gibt es im Internet: www.bike-magazin.de. So steht dem Fahrvergnügen nichts mehr im Wege.

Viel Spaß beim Lesen und Schrauben wünscht

Thomas Roegner

DER RICHTIGE MOUNTAINBIKE-TYP

Touren, Rennen oder Freeride – das Mountainbike ist ein Alleskönner, doch je nach Einsatzbereich gibt es auch hier unterschiedliche Typen. Dabei klärt sich auch die Frage: Soll es ein Hardtail oder ein Fullsuspension sein?

Ein Mountainbike ist nicht nur ein Gebrauchsgegenstand wie früher das ganz normale Drei-Gang-Rad. Es ist zum Kultobjekt geworden und gleichzeitig zur Spielwiese der Techniker. Dies hat den Nachteil, dass der Markt schwer überschaubar und die Bikes komplizierter geworden sind. Gleichzeitig ist damit aber die Auswahl für den Kunden gewachsen und damit die Chancen vermehrt, das beste Mountainbike für die eigenen Vorlieben und den persönlichen Einsatzbereich zu finden. In diesem Kapitel sind die Vor- und Nachteile sowie die Unterschiede zwischen einem »normalen« Mountainbike, dem Hardtail, und den verschiedenen vollgedämpften Bikes (Fullsuspension oder Fullys) erläutert.

Tobte früher der Glaubenskrieg zum Thema Alu oder Stahl, lautet heute die Gewissensfrage Fullsuspension oder Hardtail. Jeder, der sich überlegt, ein Mountainbike zu kaufen, steht vor diesem Problem. Selbst Freaks, die sich einen Mountainbike-Rahmen anschaffen wollen, um ihn selbst mit den Wunschkomponenten zu bestücken, wälzen zu dieser Frage wochenlang Fachzeitschriften und Kataloge, um das optimale Stollen-Gefährt für den Freizeitspaß herauszufiltern.

Grundsätzlich kann man die Frage nach dem richtigen Bike anhand der eigenen Zielsetzung beantworten. Wenn man mehr als zweimal in der Woche auf dem Bike sitzt und der Kaufpreis nicht das entscheidende Kriterium darstellt, lautet die Antwort ganz klar: Fullsuspension. Wer weniger engagiert bikt, kaum Zeit in die Pflege seines Sportgeräts investieren möchte

DIE ANTRIEBSSCHWINGE

Die Antriebsschwinge besitzt, ähnlich wie ein Eingelenker-System, nur ein einziges großes Lager, an dem der Hinterbau aufgehängt ist. Der Unterschied: Das Tretlager ist ein Bestandteil der Hinterbauschwinge. So hat der Kettenzug keinen Einfluss auf die Federung. Diesen Vorteil erkauft man jedoch mit mehreren Nachteilen: 1. Die Federung arbeitet im Stehen schlechter als im Sitzen, weil das Körpergewicht auf der Schwinge lastet. 2. Durch den Pedaldruck nach unten entsteht ein zusätzliches Moment, das die Schwinge einfedern lässt. Bei weicher Dämpfer-Abstimmung tritt bergauf der so genannte Klappmesser-Effekt auf. Der lässt sich nur verhindern, indem man den Schwingendrehpunkt sehr weit nach vorne oben setzt (Sweet Spot System). Dann jedoch funktioniert die Federung im Stehen fast gar nicht mehr. 3. Der Abstand vom Sattel zum Tretlager verändert sich, je nach Konstruktion, mehr oder weniger stark. Das führt zu einem unrunden Tritt. All diese Punkte führten dazu, dass die Antriebsschwinge praktisch seit 2002 nicht mehr gebaut wird und meist nur noch an Billigbikes und an älteren Fullys zu finden ist.

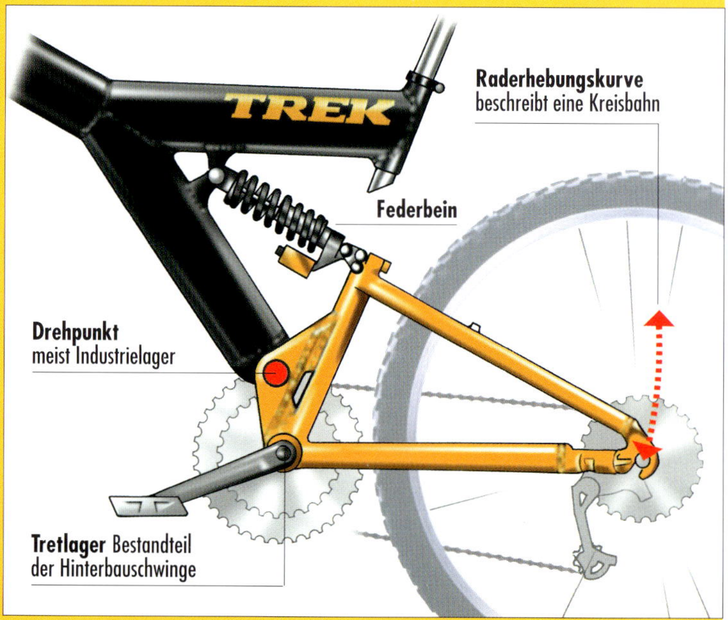

Wegen ihrer konstruktiven Nachteile wie dem Klappmesser-Effekt und der Verhärtung in bestimmten Fahrsituationen ist die Antriebsschwinge an Fullsuspensions nahezu ausgestorben. Für Komfort suchende Biker, die meistens im Sattel bleiben, war das System durchaus geeignet. Für sportlich ambitionierte Mountainbiker funktioniert ein voll aktives System wie beim Mehrgelenker oder einer mehrgelenkig abgestützten Konstruktion besser, das im Sitzen als auch im Stehen bergab optimal arbeitet.

oder aus sportlichen Gründen (Bike-Marathons oder Rennen) möglichst wenig Gewicht unter sich bewegen möchte, greift zum bewährten Hardtail, dem Starr-Rahmen mit Federgabel. Der Begriff kommt, wie so häufig, aus dem Amerikanischen und bezieht sich auf das unbewegliche hintere Ende des Mountainbikes.

Sehr sportliche Biker und Rennfahrer bevorzugen immer noch die so genannten Hardtails. Hauptargument ist das geringere Gewicht und die direkte Umsetzung der eigenen Kraft durch den starren Hinterbau.

WARUM EINE FEDERGABEL?

Die Vorteile einer guten Federgabel bezweifelt heute niemand mehr: Mehr Komfort, größere Fahrsicherheit, höhere Geschwindigkeiten sind Argumente, die man nicht ignorieren kann. Zudem sind die Systeme inzwischen ausgereift und leichter geworden. Auch wenn Sie keine radikalen Alpentouren fahren wollen: Kaufen Sie sich unbedingt ein Bike mit Federgabel. Für komfortorientierte Wochenendfahrer reichen Modelle mit 40 bis 60 Millimeter Federweg, und es gibt inzwischen auch im unteren Preisbereich ab 200 Euro bereits gute Federgabeln mit Stahlfedern und Öldämpfungstechnik, die bei hohen Geschwindigkeiten Ruhe ins Fahrwerk bringt. Elastomergabeln sind kaum noch Stand der Technik von heute und nur an Billigbikes zu finden.

Hardtails sind die logischen Nachfolger der ersten Mountainbikes, bei denen die dicken Reifen den Part der Dämpfung übernehmen mussten. Ein Hardtail arbeitet prinzipiell mit dem gleichen Rahmen, lediglich dessen Geometrie wurde auf die meist längere Federgabel angeglichen, die inzwischen mindestens 80 Millimeter Federweg hergeben sollte. Die Änderungen der Rahmengeometrie und der damit verbundenen Fahreigenschaften muss man auch beachten, falls man sein Bike mit einer besseren Federgabel aufrüsten möchte (dazu genauere Informationen in Kapitel 7).

Preis und Leistungsvermögen eines Hardtails werden von der Rahmenqualität, den Komponenten und der Geometrie des Rahmens bestimmt. Geländeräder mit starrer Gabel kann man guten Gewissens nicht mehr empfehlen. Der Sicherheits- und Komfortgewinn durch eine Federgabel ist enorm und wird auch Einsteigern nach der ersten Probefahrt schnell klar.

Eine besondere Rahmenform ist die des so genannten Cruisers. Die ersten Mountainbikes entstanden aus umgebauten Cruisern der Marke Schwinn. Inzwischen gibt es wieder Cruiser mit ihren geschwungenen Rahmenrohren in verschiedenen Ausstattungen. Ganz einfach im Retro-Style, ohne

Antriebsschwinge	Viergelenker	Eingelenker
Vorteil		
Geringes Gewicht Wenige Lagerpunkte Keine Antriebseinflüsse Verschleißarm	Sensibles Ansprechverhalten Großer Einsatzbereich Kaum Antriebseinflüsse	Günstiger Preis (geringere Herstellungskosten) Niedriges Gewicht, wartungsarm Voll aktives System (Hinterbau arbeitet im Stehen und im Sitzen)
Nachteil		
Wenig Dämpfung im Stehen Abstand Sattel – Tretlager ändert sich Bergauf schlechte Federung	Viele Lager, hohes Gewicht Wartungs- und Verschleißanfällig	Keine Kompensation der Bremskräfte Schlecht zu tragen Schwierige Zugverlegung Keine Top-Swing-Umwerfer Montage möglich
Typische Marken		
Trek Y Fisher Joshua, K2	GT LTS, AMP, Specialized	Cannondale, Centurion, Scott, B1, Hot Chili, Rotwild, Steppenwolf

DER EINGELENKER

Beim Eingelenker ist die Kettenstrebe auf dem Weg zum Ausfallende durch ein einziges Gelenk unterbrochen, um das sich der Hinterbau dreht. Bei modernen Eingelenk-Fullys sitzt dieser Drehpunkt etwa auf Höhe des mittleren Kettenblattes. Die Hinterachse eines Eingelenkers beschreibt beim Einfedern immer den Teil einer Kreisbahn. Als Lagerung benutzen die meisten Hersteller groß dimensionierte Industrie-Kugellager. Ein typischer Eingelenker, wie zum Beispiel das Cannondale Super V, besitzt anstatt des konventionellen Diamantrahmens ein y-förmiges Chassis. Sonderfälle sind Konstruktionen wie das Juchem Fullsuspension oder das Rocky Mountain Element. Diese Mountainbikes besitzen zwar vier Gelenke am Hinterbau, aber kinematisch gesehen sind es trotzdem Eingelenker. Der Grund: Sie besitzen kein Horst Link, ein Gelenk, das auf der Kettenstrebe kurz vor dem Ausfallende liegt. Die Hinterachse dreht sich auch hier um einen fest definierten Drehpunkt. Alle anderen Hebelanordnungen dienen hierbei nicht der Radführung, sondern der Federbein-Anlenkung. Diese Bikes heißen deshalb auch Eingelenker mit mehrgelenkiger Abstützung.

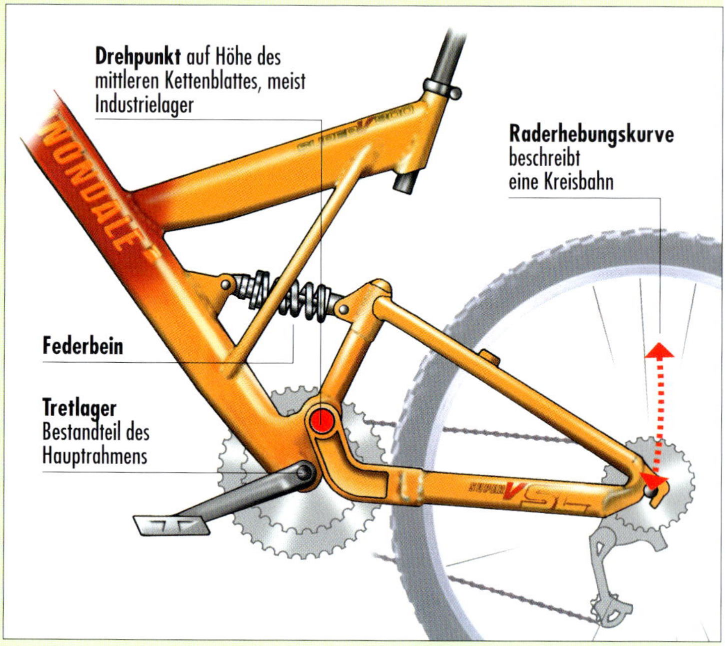

Eingelenker haben sich auf dem Markt etabliert. Gute Konstruktionen besitzen in der Regel ein großes, gut gedichtetes Industrielager und sind deshalb meist wartungsarm und robust. Aus Herstellersicht sind Eingelenker-Rahmen relativ günstig zu produzieren, was sich positiv auf den Verkaufspreis auswirkt. Vom System her bieten Eingelenker zwar konstruktiv weniger Möglichkeiten als Viergelenker, doch insgesamt stellen sie einen ausgezeichneten Kompromiss aus Steifigkeit, geringem Gewicht, Wartungsarmut und günstigem Preis dar.

Das LRS (Low Ratio System) ist prinzipiell ein Mehrgelenker, durch das längere Federbein wollen die Designer ein sensibleres Ansprechverhalten erzielen.

Gangschaltung, eignen sie sich nur als optisch auffallendes und bequemes Stadtrad. Mit Drei- oder Fünf- und Siebengang-Schaltung kann man schon kleinere Ausflüge über Land machen, und es gibt auch volltaugliche Cruiser-Rahmen mit Federgabel und echter Mountainbike-Ausstattung. Deren Fahreigenschaften unterscheiden sich kaum von einem normalen Mountainbike, nur die Optik ist eben anders und die Sitzposition meist etwas aufrechter und damit auch komfortabler.

HARDTAIL ODER FULLY?

Vergessen Sie Sprüche wie »Fullys sind nur was für Downhiller«. Ein gutes Fully, wie die vollgefederten Bikes im Jargon kurz genannt werden, bringt in erster Linie Fahrkomfort. Den spürt man nicht nur in den Alpen, sondern schon auf dem Feldweg vor der Haustür. Das

DER VIERGELENKER

Ein Viergelenker ist an vier Stellen beweglich gelagert und besitzt ein so genanntes Horst Link unterhalb des Ausfallendes. Das Horst Link, benannt nach seinem Erfinder Horst Leitner, bewirkt, dass das Hinterrad nicht auf einer Kreisbahn um einen definierten Drehpunkt einfedert, sondern sich auf einer anderen Bahn bewegt. Weil die Achse auf einer Art Parallelogramm sitzt, bewegt sie sich beim Einfedern auf einer durch die Geometrie des Parallelogramms vorgegebenen Kurve. So kann das Hinterrad bei Stößen fast direkt nach oben ausweichen. Der Trick: Der Drehpunkt sitzt nicht, wie beim Eingelenker, an einer festen Stelle. Vielmehr ist er variabel und liegt damit je nach Konstruktion mehr oder weniger weit vor dem Bike (künstlicher Drehpunkt, die Amerikaner nennen dieses Prinzip VPP: Virtual Pivot Point). Mit diesem technischen Trick verlängert man die Hinterbauschwinge künstlich. Im Idealfall werden so die Antriebseinflüsse auf die Federung in allen Gängen vermieden, man spürt keinen Pedalrückschlag, und die Federung verhärtet sich nicht beim Antreten oder beim Bremsen vor Kurven. Zudem reagiert dieses Fully-System, bei guter Wartung und Pflege und richtiger Einstellung, sehr sensibel auf Schläge.

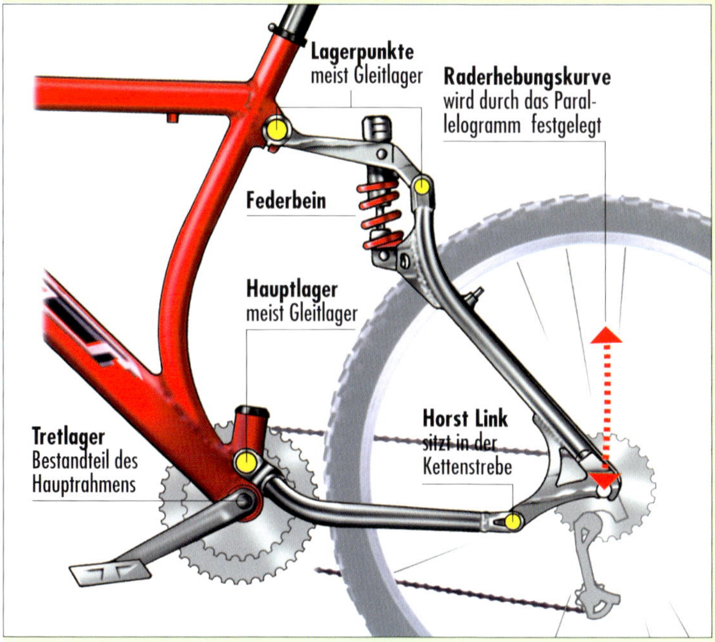

Viergelenker, wie zum Beispiel das frühere GT LTS oder die Specialized-Modelle, schaffen es von allen Hinterbausystemen am besten, Kraft zehrende Antriebseinflüsse aus der Federung zu eliminieren. Das Hauptproblem dieses Konstruktionsprinzips ist aber die große Zahl der Lager. Leichte Lösungen, wie die Gleitlager älterer Viergelenker, schlugen schnell aus und waren sehr wartungsanfällig. Viergelenker mit robusten Industrielagern sind etwas schwerer, dafür haltbarer.

Vorurteil »Fullsuspension schluckt Kraft« ist nicht mehr haltbar. Moderne Systeme gleichen durch bessere Traktion und durch die geringere Ermüdung der Muskulatur das Mehrgewicht wieder aus, neue Dämpfersysteme sollen das Wippen der Dämpfer vermeiden. Dass man mit dem Fully in andere Geschwindigkeits-Dimensionen als mit dem Hardtail vorstößt, bedarf keiner großen Erwähnung. Nur in einem muss man sich als Fully-Käufer im Klaren sein: Die Vollgefederten brauchen regelmäßige Pflege und Wartung. Dämpfer und Lager sollten einmal im Jahr in der Werkstatt

Viergelenker sind durch die zahlreichen Lager schwerer. Dafür gilt dieses Fully-System als sehr sensibel, muss aber gut abgestimmt werden.

DAS GT I-DRIVE-SYSTEM

Prinzipiell funktioniert das I-Drive-System wie ein Eingelenker, aber es arbeitet anders: Beim Einfedern schwingt das Rad auf einer Kreisbahn nach oben (Abb. a). Den kleinen Unterschied macht die Exzenter-Konstruktion mit dem kleinen Dog Bone (Abb. b und c, blau markiert). Der Dog Bone ist die Verbindung zwischen Hauptrahmen und Exzenter. Federt der Hinterbau ein (Abb. b), dann zieht der Dog Bone das Tretlager nach vorne unten. Trickreich will GT mit dieser Konstruktion den Hauptnachteil der Antriebsschwinge umgehen, nämlich das Verhärten der Federung im Stehen, der Abstand Sattel/Tretlager bleibt zudem auch beim Einfedern konstant. Außerdem wird der Antrieb von der Federung entkoppelt – also kein lästiger Pedalrückschlag oder Kraft raubendes Eintauchen der Federung beim Beschleunigen am Berg (Anti-Squat-Effekt).

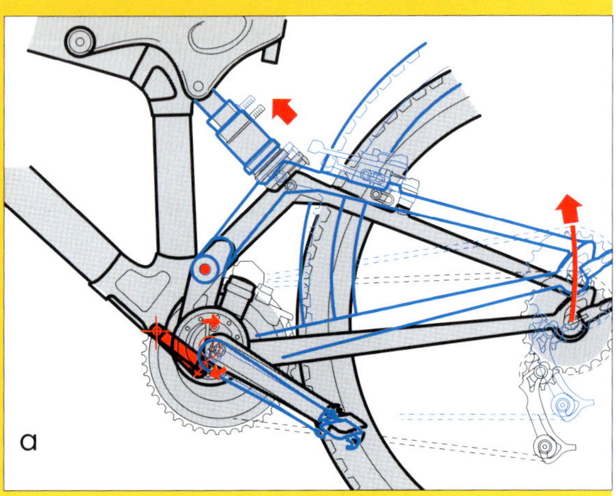

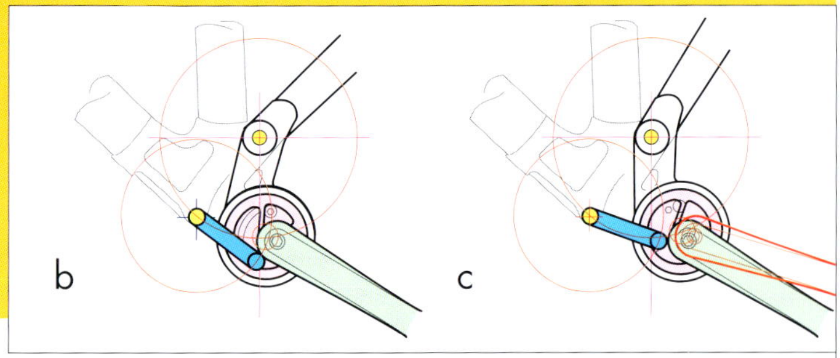

Mit hohem konstruktivem Aufwand hatte GT ein eigenes Federungssystem entwickelt: den I-Drive. Vorteil: Der Drehpunkt der hinteren Schwinge lag genau im Zentrum des Tretlagers. Von diesem Spezialtretlager kam man wieder ab, jetzt arbeiten zwei Gelenke oberhalb des Tretlagergehäuses (siehe Foto links), womit man den gleichen Effekt erzielen möchte.

Das I-Drive-System von GT soll den Vorteil eines Eingelenkers mit dem eines Viergelenkers verbinden: geringes Gewicht und sensibles Ansprechverhalten.

gecheckt werden. Mit den Anleitungen ab Seite 106 können Sie die grundlegenden Wartungsarbeiten, die das Leben der Dämpfer entscheidend verlängern, auch selbst erledigen. Eine gut ausgestattete Werkstatt ist dafür ebenfalls Voraussetzung (siehe Kapitel 5).

Wie die Materialsorte des Rahmens ist beim Fullsuspension das Federungssystem zum Mittelpunkt der Philosophien geworden. Eingelenker, mehrfach abgestützter Eingelenker oder Viergelenker – die Wahl fällt schwer, vor allem, weil die Hersteller diese verschiedenen Konzepte auch unterschiedlich gut umsetzen. Man sollte sich also vorher darüber klar sein, in welchem bevorzugten Einsatzbereich man sein Fully bewegen möchte: als Wettkampfgerät in der Abfahrt (Downhill-Fully) oder im Dual-Slalom, als Cross Country- oder Enduro-Fully, zuverlässig und komfortabel für ausgedehnte Touren oder Trips auf den Trails vor der Haustür, als reines Sportgerät für Marathons und Rennen oder als Freeride-Bike zum spaßvollen Shredden vor der Stadt und auf Funrides, mit mäßigen Anstiegen und fetzigen Abfahrten. Mehr dazu erfahren Sie im gesonderten Kasten auf der rechten Seite.

Ein Kriterium, das für alle Räder

DIE FULLY-KATEGORIEN

Aufgrund ihrer langjährigen Erfahrung haben die Tester des BIKE-Magazins verschiedene Einsatzbereiche definiert. Mit diesen Einstufungen kann man sein Wunsch-Fully herausfinden.

Fullsuspensions weisen je nach Einsatzzweck unterschiedlich große Federwege auf. Enduros und Freerider fallen zudem schwerer aus als Cross Country-Fullys.

CROSS COUNTRY UND MARATHON

Für den sportlichen Einsatz bis hin zu Rennen. Die Leistungsfähigkeit des Bikes geht vor Komfort, es geht um Kraftersparnis des Fahrers. Geringes Gewicht, sportliche Sitzposition und hochwertige Komponenten gehören ins Pflichtenheft für diese (teuren) Maschinen.

ENDURO/ALL MOUNTAIN

Maximaler Einsatzbereich ist das Kennzeichen der Enduro-Gattung, auch All Mountain genannt. Bergab wie ein Hardcore-Freerider, bergauf wie eine Rennziege. Enduros stehen für das Allround-Fully schlechthin. Gewichtsoptimierter Rahmen, ausgewogene Sitzposition und leichte Laufräder sorgen für Spaß auf der Tour. Letzter Trend: Dämpfer und Federgabeln mit Niveau-Ausgleich, um das Fahrwerk noch besser an die jeweilige Geländesituation anzupassen.

HARDCORE-FREERIDER

Früher wären diese Räder als reinrassige Downhill-Maschinen durchgegangen: Viel Federweg und optimierte Geometrien für Downhill-Sessions im gröbsten Gelände. Möglich durch Komponenten, die vor allem stabil und haltbar sind.

Ein typisches Enduro-Fully ist auf Komfort ausgerichtet. Robust mit viel Federweg, aber nicht zu schwer, um den Spaß bergauf nicht zu verderben.

DIRT-FULLYS

Dual Slalom, Biker Cross, Trailjumps auf der BMX-Strecke oder sich in der Stadt austoben – das sind die Spielwiesen der Dirt-Fullys. Extrem kurze Geometrien, breiter, hoher Lenker und Stummelvorbau sind obligatorisch.

DOWNHILL

Downhiller sind reine Wettkampfmaschinen – für die Jagd bergab. Bergauf tritt man damit keinen Meter. Denn sie haben nur ein Kettenblatt. Selbst mit Uphill-Übersetzung: 18 bis 20 Kilogramm Lebendgewicht, eine nach hinten versetzte, extrem kurze Geometrie und Federwege um die 20 Zentimeter würden den Spaß bergauf gründlich vermiesen. Bevorzugtes Revier: gesperrte Strecken und Bike-Parks mit Lift.

Nur im Shop zu entscheiden, ist bei einem Fullsuspension schwer. Eine echte, längere Probefahrt im Gelände offenbart viel mehr. Am besten fährt man verschiedene Modelle auf Festivals oder von Verleihstationen, manche Firmen stellen Händlern auch Testbikes in bestimmten Zeiträumen zur Verfügung.

gilt, ist auch bei den Fullys gleich geblieben: Je leichter, desto teurer. Denn gerade beim Fullsuspension sollte mit Material und Verarbeitungsgüte nicht am Rahmen und an Lagern gespart werden, sodass die Gewichtsersparnis durch leichte und damit teure Komponenten und weitere exklusive Anbauteile erzielt werden muss.

Schon die Wahl des Fullsuspension-Systems entscheidet über das Gewicht des Rahmens: Je mehr Gelenke, desto mehr wiegt das Fahrgestell. Vor allem, wenn in den Gelenken hochwertige Industrielager verbaut werden. Wer also auf ein möglichst geringes Gesamtgewicht Wert legt, sollte einen Eingelenker in Betracht ziehen. Komfortbewusste oder Downhill-orientierte Fahrer tendieren eher zu Viergelenkern. So genannte Dreigelenker sind auf dem Rückzug, da bei diesem System der Dämpfer ein tragendes Teil des Hinterbaus ist. Viele Dämpfer halten diese Querbelastung nicht aus und werden undicht. Auch das Antriebsschwingen-System ist aufgrund seiner Nachteile seit 2002 praktisch nicht mehr auf dem Markt zu finden. Alle anderen Plus- und Minuspunkte der unterschiedlichen Systeme sind in der Tabelle auf Seite 13 zusammengefasst, sodass man auf einen Blick die Einsatzbereiche sowie die Vorzüge und Schwachstellen der Konstruktionen erkennen kann – auch wenn man beispielsweise ein gebrauchtes Fully kaufen möchte.

Man sollte die Vorteile jedes Systems gegenüber den Nachteilen bezogen auf den eigenen Einsatzbereich und den Fahrstil abwägen.

Äußerst wichtig beim Fullsuspension-Rahmen ist auch die Wahl und Einstellung des richtigen Federbeins, um beispielsweise extremes Wippen bei den sensiblen Viergelenkern zu vermeiden, wenn man hart in die Pedale tritt. Das Körpergewicht und der Fahrstil stellen hier neben der Rahmengeometrie und den Einbaumöglichkeiten die wichtigsten Kriterien dar. Luft oder Stahlfedern lautet der Knackpunkt, der in den entsprechenden Kapiteln 14 und 15 ausführlicher behandelt wird. Ein guter Fachhändler berät einen gerne ausführlich vor dem Kauf oder stellt vielleicht sogar verschiedene Dämpfer für Probefahrten zur Verfügung. Oft kann man auch an Testbikes unterschiedliche Dämpfungssysteme und variable Einstellungen der Federung abchecken und sich so ein Bild machen (siehe auch Kapitel 16).

Gerade bei den Dämpfern hat sich in den letzten zwei Jahren viel getan, und es werden Systeme entwickelt, um das lästige Wippen abzustellen, wie das Pro Pedal Damping (PPD) von Fox oder das Stable Platform Valve (SPV) von Manitou. Sollte man auf einen Dämpfer dieser neuen Generation umrüsten wollen, muss man dazu die entscheidenden Maße wie Einbaulänge, Hub und Breite berücksichtigen (dazu mehr in Kapitel 15) Viele neue Modelle, beispielsweise von Scott oder von RockShox, arbeiten mit Blockierhebeln vom Lenker aus (Remote Lock), eine gute Steuerungsmöglichkeit für Rennfahrer und Marathonisti.

Ein Dämpfer ist ein hochwertiges Produkt und für die Fahrqualität eines Fullys entscheidend.

DER FULLY-TROCKENTEST

Drei Tipps, wie Sie die Hinterrad-Federung bereits im Shop antesten können. Aber Achtung: Der Kurz-Check sollte auf keinen Fall eine ausgiebige Probefahrt ersetzen.

1. BREMS-TEST

Blockieren Sie das Hinterrad mit der Bremse und drücken Sie dann von oben auf den Sattel. Beobachten Sie die hintere Federung. Wenn die Bremse das Einfedern des Hinterbaus spürbar beeinträchtigt oder sogar verhindert, müssen Sie in der Fahrpraxis mit Bremsstempeln rechnen. Dadurch können Bodenhaftung und Komfort leiden.

2. DRUCK-TEST

Starker Pedalrückschlag kann auf ruppigen Strecken an den Kräften zehren. Der Check: Schalten Sie auf das kleinste Kettenblatt, und drücken Sie dann kräftig von oben auf den Sattel. Bewegt sich die Kurbel dabei ruckartig nach hinten, hat das Bike einen Pedalrückschlag. In der Praxis bedeutet das: Auf extremen Holperstrecken können Sie einen runden Tritt vergessen.

3. PEDAL-TEST

So testen Sie, ob der Antritt Einfluss auf die Federung hat: Stellen Sie das Bike mit dem Vorderrad gegen eine Wand und bringen Sie die Pedale in die waagerechte Position. Stellen Sie sich nun mit dem Körpergewicht auf das vordere Pedal und drücken Sie dabei von oben auf den Sattel. Funktioniert die Federung jetzt deutlich schwergängiger, müssen Sie bei Antritten mit Komforteinbußen rechnen.

ALLES ÜBER RAHMEN UND KOMPONENTEN

Der Rahmen bildet das Fahrgestell eines Bikes, die Komponenten bestimmen die Ausstattung. Welches Rahmenmaterial und welche Komponentenqualität man wählt, hängt vom persönlichen Einsatzbereich und letztlich vom Geldbeutel ab.

Der Start zum Mountainbike-Vergnügen ist zunächst einmal verwirrend. So viele Marken, so viele Materialien und Dutzende von unterschiedlichen Ausstattungen verschiedener Hersteller lassen den Neuling erst einmal nur noch Bahnhof verstehen. Noch dazu reicht die Preisspanne bei Mountainbikes von 150 Euro im Kaufhaus oder beim Kaffeeröster um die Ecke bis zu Edelrennern beim Superspezial-Fachgeschäft für weit über 5000 Euro. Der Jargon, die Fachsprache, ist außerdem meist englisch. Der Ursprung dieser Fahrradgattung liegt nun einmal in Kalifornien, und die taiwanesischen und japanischen Produzenten gleichen sich dem internationalen Standard an und erfinden gleich noch einige neue Ausdrücke dazu. Doch keine Angst, alle Fachausdrücke werden im jeweiligen Kapitel oder Lexikon erklärt. So können Sie zumindest dem Fachchinesisch mancher Verkäufer folgen und nach der Lektüre dieses Buches gezielt bei Materialien, Ausstattung und Zubehör nachhaken.

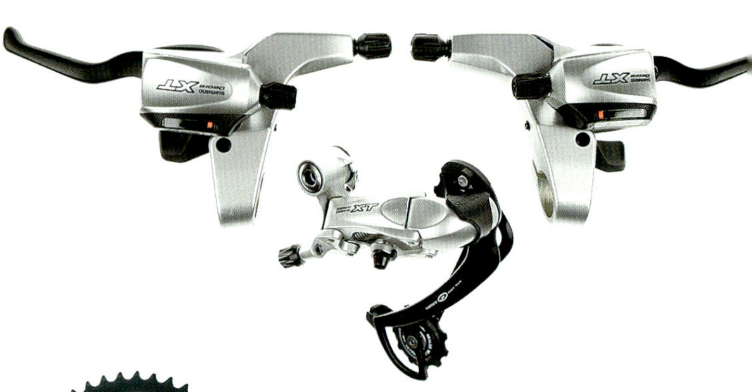

Die Teile einer Komponentengruppe sind Schaltung und Bremsen bis hin zu den Laufrad-Naben und dem Antrieb mit Kurbeln. Shimano kombiniert bei den XTR, XT und ab 2005 bei den LX-Gruppen die Schalt- und Bremshebel als Einheit. Wie bei den Rennradkomponenten dient der Bremshebel als Schalthebel. Es sind jedoch weiterhin einzelne Rapidfire-Schalthebel und Bremshebel erhältlich. Ansonsten kann man auf andere Hersteller wie SRAM oder Suntour zurückgreifen.

DER RAHMEN IST DAS FAHRWERK

Der Rahmen ist das Fahrwerk (Chassis), die Komponenten entsprechen den Zusatzaggregaten eines Autos wie Getriebe und Ausstattung. Beide zusammen bestimmen den Einsatzbereich und die Lebensdauer des Bikes. Der Großteil aller Bikes besitzt inzwischen ein Chassis aus Aluminium, manchmal noch Stahl (siehe Kasten: Materialien). Carbon ist immer stärker im Kommen. Als Bikekäufer muss man sich also in erster Linie zwischen diesen Materialien entscheiden. Schwieriger wird es bei der Wahl der Komponentengruppe. Als Komponenten bezeichnet man alle Teile, die am Rahmen befestigt sind, wie Laufräder, Kurbeln, Sattel und Schaltung. Antrieb und Schaltung kommen oft von einem Hersteller (zu 90 Prozent vom Marktführer Shimano). Komponentenhersteller bieten diese Schalt- und Antriebsteile als so genannte Gruppe an. Komponentenriese Shimano baut verschiedene Komplettgruppen – von der günstigen Einsteigergruppe Alivio bis zur hochkarätigen Edelcombo XTR. Der Konkurrent SRAM (die Marke Grip Shift stammt von SRAM) hat ebenfalls verschiedene Gruppen im Programm. Welche Gruppen in welchen Preiskategorien von Bikes zu finden sind und den Einsatzzweck, entnehmen Sie der Tabelle auf der rechten Seite.

Der Rahmen bildet das Fahrwerk Ihres Mountainbikes. Welches Material Sie dabei wählen, hängt von den individuellen Vorlieben und dem Einsatzbereich ab. Sie können die Qualität des Chassis folgendermaßen beurteilen: Wichtigstes Kriterium ist das Rohrmaterial und die Verarbeitung, erkennbar an den Schweißnähten. (Lediglich an einem gemufften Stahlrahmen sieht man das nicht. Muffen sind die Verbindungsstücke zwischen den Rohren. Diese Rahmen sind meist gelötet.) Bei Stahl ist die Güte des Rohrsatzes entscheidend. Columbus, Tange, Mannesmann, True Temper, Ritchey und Reynolds stehen für erfahrene Großhersteller oder Rahmenbauer mit hohen Qualitätsansprüchen. Aufkleber verraten, welche Qualitätsstufe verarbeitet wird und wie oft das Rohr konifiziert ist (butted: Veränderungen der Wandstärke). Je öfter, desto hochwertiger, da ein Rohr in der Mitte dünnwandiger sein kann als an den Verbindungsstellen und somit Gewicht eingespart wird. Eine weitere Verarbeitungsform ist das so genannte Filled Brazed. Hier werden die Stahlrohre in aufwändiger Handarbeit direkt zusammengeschweißt. Ein teures Verfahren, das jedoch immer seltener wird.

Auch die Aluminiumrohre geben normalerweise mit Aufklebern über ihre Qualität und Legierung Auskunft (siehe Materialien auf Seite 24). Einer der größten Hersteller ist Easton. Tange und Columbus haben inzwischen ebenfalls viel Erfahrung mit Aluminium gesammelt. Befinden sich gar keine Aufkleber auf dem Rahmen, ist bei günstigen Angeboten Vorsicht geboten. Bei hochwertigen Rahmen muss der Fachhändler genau Auskunft geben können, welche Sorte Aluminium verarbeitet wurde. Die Schweißnähte von Aluminiumrahmen sollten möglichst gleichmäßig und harmonisch verlaufen. Die Fachleute sprechen von Schweißraupen. Diese dürfen keine Unterbrechungen, Einschlüsse oder andere Unregelmäßigkeiten aufweisen. Da bei Fullsuspensionrahmen oft die Schwingenlager in der Nähe des Tretlagers angeschweißt sind, sollte man diese Schweißnähte besonders genau in Augenschein nehmen.

Rahmen gibt es in unterschiedlichen Materialien. Aluminium-Legierungen haben sich durchgesetzt, vor allem bei Fullsuspension-Modellen. Mit Oversized-Rohren und stabilen Schweißnähten wollen die Konstrukteure ausreichend Steifigkeit für die Gelenkkonstruktionen erzielen.

Bei verschliffenen und verspachtelten Schweißnähten kann man leider die Qualität darunter nicht feststellen. Experten meinen, dass durch das Verschleifen die Schweißnähte geschwächt werden. Doch wird dieses Verfahren hauptsächlich von bewährten Rahmenbauern wie Gary Klein oder Werner Juchem angewandt, bei denen die Reklamationsquote wegen Rahmenbrüchen gegen Null geht.

Zum Thema Lack: Haltbarer, umweltfreundlicher und langlebiger als eine Nass-Lackierung sind Pulverbeschichtungen, die jedoch ein paar Gramm mehr auf die Waage bringen. Die Güte der Beschichtung oder Lackierung kann man ebenfalls nur optisch überprüfen. Sorgfältige Rahmenhersteller legen zusätzlich noch eine Schicht Klarlack über die Farbe. Falls Sie nur

KOMPONENTEN IM ÜBERBLICK

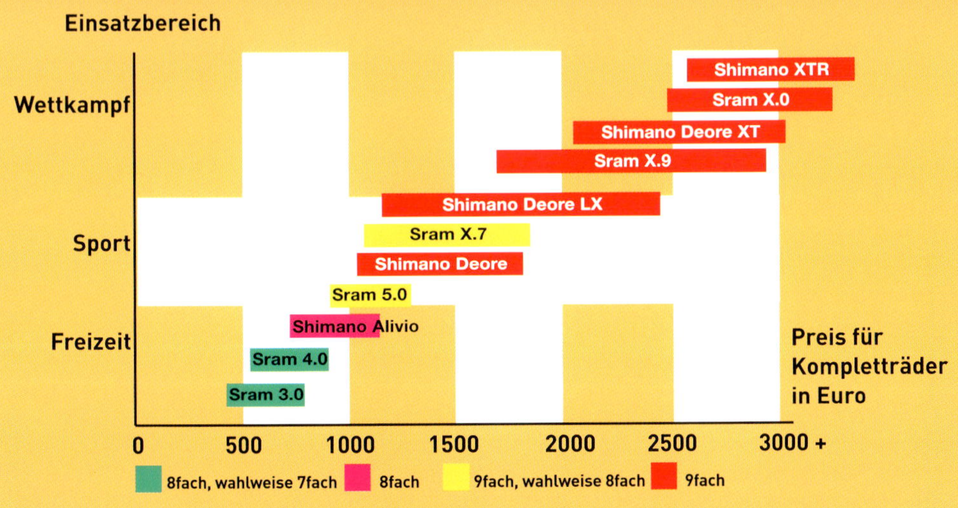

Einsatzbereiche und ungefähre Preiskategorien der Shimano- und SRAM-Komponentengruppen im Überblick. Zwei SRAM-Gruppen gibt es jeweils wahlweise in der 7- und 8fach- oder 9fach-Version.

RAHMENMATERIALIEN

Aluminium

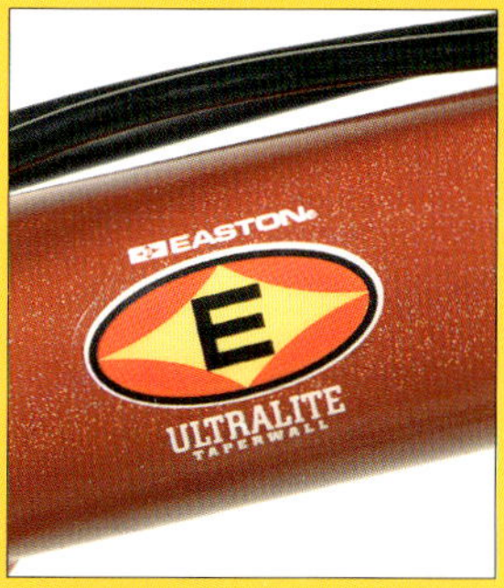

Material Nummer eins im Mountainbike-Rahmenbau, vor allem bei Fullys. Das Leichtmetall wird in verschiedenen Legierungen verarbeitet. Zu den hochwertigen erprobten Typen gehören Aluminium 6061 oder 7020. Ein »T« dahinter steht für Heat Treated. Um Aluminium langlebig zu machen, muss es nach dem Schweißen einer Wärmebehandlung unterzogen werden. Die größten Alu-Lieferanten sind Easton (USA) und Alcoa (Aluminum Company of America). Seit etwa drei Jahren bauen auch Traditions-Stahlhersteller wie Tange (Japan) und Columbus (Italien) Alu-Rohrsätze, Oria (Italien) steht ebenfalls für gereifte Qualität. Für hochwertige Verarbeitung stehen erfahrene Hersteller wie Cannondale, Klein, Dynamics, Rotwild oder Votec und andere Marken, die für Spitzenrahmen Alu nach eigenen Spezifikationen fertigen lassen und selbst schweißen.

Stahl

Die hohe Zeit der Stahlbikes scheint im neuen Jahrtausend vorbei zu sein, obwohl Chrom-Molybdän-Stahl (Cromoly) in seinen verschiedenen Legierungen und durch die großen Erfahrungen bei der Variation der Wandstärken einfach und sicher für einen Rahmen verarbeitet werden kann. Ausführung als Muffen-Rahmen (Verbindungs-»Hülsen« zwischen den Rohren) oder als Filled Brazed: Die Rohre werden von Hand stumpf aneinander gelötet. Kampfpreise der Aluminiumhersteller und zunehmende Erfahrung bei der Gestaltung der Alurohre (butten: unterschiedliche Wandstärken) haben Stahl verdrängt. Ein Stahlrahmen ist bei Hardtails immer noch eine gute Wahl für Fahrer bis 75 Kilogramm und Biker, die nicht auf die bullige Oversized-Optik und die Härte von Alu stehen oder das gute Preis-Leistungs-Verhältnis schätzen.

Carbon

Früher für exotische Protoypen und Kleinserien verbaut, kommt Carbon immer mehr in der Massenproduktion zum Einsatz. Große Hersteller wie Scott, Trek, Giant, GT und Merida haben den Weg geebnet. Die Verarbeitungsformen und Bestandteile sind vielfältig und oft ein Geheimrezept des Herstellers. Grundsätzlich sollten Carbonfaser-Rahmen flächig verarbeitet sein, denn Carbonrohre spielen die Gewichts-Belastungsvorteile des Fasermaterials nicht voll aus. Neben den Gewichtsvorteilen sammelt Carbon Pluspunkte bei Elastizität und Dämpfung. Nachteil ist oft eine stärkere Verwindung vor allem im Steuerkopf- und Tretlagerbereich. Der Unterschied von Kohlefaser- zu so genannten Thermoplast-Rahmen liegt nur an dem Harzmaterial, in das die Kohlefäden eingebettet werden und das die Carbonfasern stabilisiert.

Titan

Edelstoff für klassische Hardtails. Leichter als Stahl, besitzt Titan ein höheres Elastizitätsmodul. Bei Bike-Rahmen ist der Edelstoff aber durch Fully-Technologie und hohe Preise auf dem Rückzug. Titan-Rahmen sind schwierig zu verarbeiten, die Gewichtsvorteile werden oft durch mangelnde Steifigkeit aufgehoben. Pfiffige Konstrukteure wie Scott Nicol (Ibis) nutzen die Elastizität von Titan, um »gefederte« Hinterbauten ohne Lager zu konstruieren. Für Puristen und Edelstoff-Liebhaber wegen der Langlebigkeit (rostet nicht) und seines Flairs immer noch interessant, für den Normalbiker ist ein Titanbike schlicht zu teuer, da die Vorteile in keinem Verhältnis zum Preis stehen.

einen Rahmen kaufen und ihn selbst mit Komponenten bestücken wollen: Achten Sie darauf, dass die Gewinde im Tretlagerbereich und im Schaltungsauge frei von Farbe sind. Notfalls nachfräsen und säubern lassen. Kompaktlager für den Steuersatz lässt man ebenfalls am besten gleich vom Händler einpressen, weil man dazu Spezialwerkzeug braucht, das sich für die einmalige Montage nicht anzuschaffen lohnt.

Sehr wichtig ist auch die Garantiefrage. Viele Hersteller geben zwar ein pauschales »lebenslänglich« auf den Rahmen, schränken dann aber in den (kleingedruckten) Bestimmungen vieles wieder ein, wie beispielsweise Wettkampfeinsatz und Sprünge. Sie sollten aber zumindest darauf achten, dass die Garantiekarte richtig ausgefüllt und vom Händler abgestempelt wird.

Aluminiumrahmen werden in Deutschland, USA und Taiwan von Hand geschweißt. Schweißnähte mit gleichmäßigen Schuppen (Raupen) zeugen dabei von guter Verarbeitungsqualität.

Aluminium- oder Stahlrohre bilden das Hauptgerüst für Rahmen. Die Rohre gibt es in unterschiedlichen Legierungen und Wandstärken.

Hat man den Rahmen oder ein bestimmtes Bike-Modell gewählt, bleibt die Frage nach den Komponenten. Für welche Qualität man sich entscheidet, sollte mehr vom Einsatzbereich als vom Geldbeutel abhängen, denn bessere Komponenten halten länger und schonen damit das Konto auf Zukunft gesehen. Schönwetterbiker, die hin und wieder mal zur Arbeit fahren oder am Wochenende leichtere Touren unternehmen, sind mit einer Shimano Alivio oder Deore-Gruppe gut bedient. Der engagierte Sportbiker wird sich eher für LX, XT oder XTR entscheiden. Die Schalt- und Bremsfunktionen der günstigeren Gruppen sind dabei annähernd genauso gut wie die der ganz teuren. Den Unterschied macht die Qualität der Lager, der Dichtungen und des Materials aus. Faustregel: Für ernsthaftes Offroad-Biken sollte es mindestens eine Deore, besser eine LX sein. Hier sind die Dichtungen der Lager bereits so gut, dass sie Matsch und Modder klaglos wegstecken. Schwierig wird es, wenn die Hersteller unterschiedliche Gruppen wild durcheinander mischen. Akzeptieren Sie diesen Mix nur, wenn beide Gruppen in der Hierarchieordnung direkt beieinander stehen. Sprünge über zwei und mehr Qualitätslevel sind mit Vorsicht zu betrachten. Hier kann der Verdacht aufkommen, dass der Hersteller den Verkaufspreis des Rads durch die billigeren Komponenten nach unten drücken wollte. Gerade bei den Naben und beim Tretlager sollten Sie den Verkäufer unbedingt nochmal nach deren Ausführung und der Lagerqualität befragen. Denn falls die Naben in die ewigen Jagdgründe überwechseln, muss man seine Laufräder komplett neu einspeichen lassen. Das wird entweder teuer oder kostet viel Zeit – oder beides. Ebenso verhält es sich mit dem Tretlager: Muss man es austauschen, braucht man zusätzliches

Werkzeug (siehe Kapitel 5), oder das komplette Bike wandert in die Werkstatt. Ein weiterer Punkt ist der eher versteckt liegende Steuersatz. Auch hier genau nach der Ausführung und der Offroad-Tauglichkeit fragen. Bei weit über tausend verschiedenen Bikes in unterschiedlichsten Preiskategorien allein auf dem deutschen Markt ist die Qual der Wahl groß. Das Riesenangebot und die harte Wettbewerbssituation haben aber auch gute Seiten: Gute Bikes werden, wie Computer, immer günstiger.

DIE PREISKLASSEN

Die untere Grenze für akzeptable Qualität liegt bei etwa 400 Euro. Mountainbikes mit Preisen darunter und Räder, die sich so nennen,

Ein technischer Leckerbissen: Carbon-Fullyrahmen.

sehen zwar oft gut aus, sind aber meist nur für gemütliche Spazierfahrten über Feldwege oder für den gelegentlichen Ausflug zur nächsten Eisdiele geeignet. Echte Mountainbike-Touren über mehrere Stunden, auf holprigen Schotterpisten und über wurzelgespickte Waldpfade, bringen schnell die Schwachpunkte der Billig-Teile ans Licht.

Bei rund 500 Euro beginnt der Einstieg in die sportliche Mountainbike-Klasse. Doch muss man hier noch Abstriche an der Langlebigkeit von Rahmen und Ausstattung wie Schaltung, Bremsen, Antrieb und Naben machen. Auch die bereits erhältlichen Federgabeln stehen bei Funktion und Ausdauer am unteren Ende der Skala. Gerade den Anforderungen von Schlechtwetter-Touren, im Matsch und auf feuchten Pfaden, sind die

Die Qualität der Lackierung kann man nur optisch beurteilen. Schwerer, aber haltbarer sind Pulverbeschichtungen. Zum einen sind sie schlagzäher, zum anderen ist das Verfahren umweltfreundlicher als Lackieren.

Größere Durchmesser bei Fullsuspensions sorgen für Stabilität.

Abdichtungen und die Oberflächenqualität von Naben, Lagern und Schaltungsteilen auf Dauer nicht gewachsen.

Wer sich mindestens einmal pro Woche aufs Bike schwingt, egal bei welchem Wetter, muss nochmal 200 Euro drauflegen. Für 700 Euro kann man sich bereits im harten Gelände austoben. Ein robuster Rahmen aus Cromoly-Stahl, Komponenten aus der Shimano-Gruppe Deore LX beispielsweise und eine Federgabel mit Öldämpfung lassen kaum noch Wünsche offen. Wer nochmal 300 Euro drauflegt, hat bereits die Wahl zwischen einem hochwertigen Hardtail und einem vollgefederten Bike, wobei man an ein Fullsuspension in dieser Kategorie nicht die höchsten Ansprüche stellen darf. Doch auch das ist eine erfreuliche Neuheit: Die Schallmauer für Fullsuspensions sinkt jährlich weiter nach unten.

HARDTAILS SIND OFT LEICHTER

Wer sich für 1000 Euro lieber ein Hardtail zulegen will, kann hier ein hohes Maß an Qualität erwarten. Ein leichter Alurahmen und Schaltkomponenten aus der Shimano-Gruppe Deore LX sind genauso obligatorisch wie eine hochwertige Bremsanlage. Shimano LX V-Brakes oder die hochwertigen Pendants von Avid, Grip Shift oder DiaCompe stellen das Minimum dar. Achten Sie auf das Gesamtgewicht des Bikes: Zwölf Kilogramm sollten das Maximum in dieser Preisklasse sein. In der gleichen Kategorie findet man oft auch schon Scheibenbremsen an den Bikes. Sie erhöhen das Gesamtgewicht und zwingen die Hersteller, an anderen Stellen der Ausstattung zu sparen. Wenn man nicht bei Schlechtwetter fahren möchte, sollten wartungsarme Felgenbremsen genügen (siehe auch Kapitel 9).

Bei 1200 Euro gelangt man schon in die höheren Sphären der Bike-Technologie. Ein Top-Rahmen mit sportlicher Geometrie, gewichtsreduziert und pulverbeschichtet, gehört in dieser Preisklasse zum guten Ton. Die Komponenten sollten mindestens aus der Shimano-Gruppe Deore LX stammen. Oft verbauen die Hersteller auch schon Teile aus der High End-Gruppe Deore XT. Ein Rad dieser Klasse muss eine hochwertige Federgabel (Stahlfeder oder Luft) besitzen, die mit einer gut funktionierenden Öldämpfung arbeitet. Auch unter den Fullys gibt es für 1200 Euro heiße Angebote. Hier sollte man vor allem auf ein solides Fahrwerk als Basis achten. Machen Sie dafür lieber bei den Komponenten Abstriche, denn die lassen sich oft günstig austauschen. Ausnahme: Scheibenbremsen. Sind sie bereits montiert, spart man sich später nerviges Anpassen und Fummelei.

Erst ab einem Preis von 1500 Euro und mehr kann man guten Gewissens Fullsuspension-Technologie empfehlen. In dieser Kategorie muss man bei der Ausstattung fast keine Kompromisse mehr eingehen: Shimano LX und XT-Parts kann man für diesen Preis erwarten. Nach oben gibt es keine Grenzen. Bei Preisen über 2500 Euro geht es jedoch nicht um mehr Funktionalität und Qualität, sondern oft um minimale Gewichtsvorteile, die man teuer bezahlt. Exotische Materialien wie Carbon und Titan lassen den Preis ebenfalls nach oben wandern, und bei manchen Modellen bezahlt man aufwändige Handarbeit und den Namen der Marke, also das Image, einfach mit.

LEXIKON: RAHMEN

■ Ausfallende: U-förmige Enden des Rahmenhinterbaus und der Gabel, in denen die Laufräder befestigt sind.

■ Bonded: Geklebt. Eine Rohrverbindung, bei Alu- oder Carbonrahmen angewendet.

■ Butted: Variable Wandstärken eines Rahmenrohrs. Die Rohre können in der Mitte dünner sein als an den Enden, um Gewicht zu sparen, ohne an Belastbarkeit zu verlieren. Double (zweifach) oder triple (dreifach) butted (dt.: konifiziert).

■ Chain suck device (oder Anti Chainsuck): Zusätzliche Platte am Tretlager, die ein Verklemmen der Kette zwischen Kettenblatt und Rahmen (chain suck) verhindern soll.

■ CNC: Computer Numerically Controlled, computergesteuerte Fräsbearbeitung.

■ Cromoly: Abkürzung für die Stahllegierung Chrom-Molybdän. Hochwertige Stahlrahmen bestehen aus dieser Legierung.

■ Eingelenker: Fullsuspension-Rahmen (siehe dort) mit einem Gelenk vom Hauptrahmen zum hinteren Rahmendreieck. Weitere Fullsuspension-Systeme: Viergelenker, Mehrgelenker (siehe Kapitel 2).

■ Filled brazed: Muffenlos gelötet, Handarbeit bei hochwertigen Stahlrahmen.

■ Fullsuspension (Fully): Vollgefedertes Bike, mit einer Federgabel und einem beweglich aufgehängten Hinterbau ausgestattet.

■ Gleitlager: Die verbundenen Teile drehen sich durch eine Gleitbewegung der beiden Lagerflächen direkt aufeinander. Die Reibung wird durch Fettschmierung oder extrem glatte Oberflächen, z. B. Teflon niedrig gehalten. Inzwischen veraltet.

■ Gusset: Verstärkungsblech, das an besonders belasteten Rahmenzonen eingesetzt wird, wie an der Verbindung Steuerrohr/Unterrohr oder an Fullsuspension-Rahmen.

■ Hardtail: Mountainbike mit starrem ungefedertem Hinterbau und Federgabel.

■ Horst Link: Gelenk auf der Kettenstrebe vor dem Ausfallende, als Verbindung zur Sitzstrebe, das bei Fullsuspension-Modellen eine Art Parallelogramm-Bewegung des Hinterbaus ermöglicht.

■ Industrielager: Geschlossene Wälzlager (siehe dort), inklusive Schmiermittel für lebenslange Schmierung und integrierten Dichtungen gegen Schmutz und Wasser.

■ Monocoque: Einteiliger Rahmen (eigentlich selbsttragendes Chassis). Eine oft bei Carbon- oder Alurahmen angewendete Bauweise.

■ Oversized: Erhöhter Rohrquerschnitt. Alu- und Titanrohre mit größerem Durchmesser für mehr Steifigkeit.

■ STW-Wert: Stiffness To Weight, Verhältnis von Steifigkeit zu Gewicht bei Rahmen. Je höher, desto besser.

■ Sweet Spot System: Relativ hoher Schwingendrehpunkt bei Eingelenkern, um das »Einklappen« bergauf und im Wiegetritt zu verhindern.

■ TIG welded: Schweißen unter Tungsten Inert Gas (Schutzgas, das Verunreinigungen der Schweißnaht durch Einschlüsse aus der Luft verhindert).

■ Virtual pivot point (VPP): Künstlicher Schwingendrehpunkt. Konstruktion bei Vier- und Mehrgelenkern, die Antriebseinflüsse auf die Federung verhindern soll.

■ Wälzlager: Drehkörper (Kugeln, Nadeln oder Rollen) zwischen Innen- und Außenring lassen die Lagerringe aufeinander abrollen (in Tretlager, Steuersatz und teilweise auch in Gelenken von Fullsuspensionrahmen verwendet).

RAHMENGEOMETRIE UND SITZPOSITION

Zu groß oder zu klein: Das wird schmerzhaft. Ein Bike muss zum Körper passen wie ein gut sitzendes Kleidungsstück. Mit dieser Anleitung findet man die richtige Rahmengröße und eine Bike-Geometrie, mit der man sich auch auf langen Touren wohlfühlt.

Die Entscheidung ist gefallen, das Traumbike steht fest. Letzte Hürde im Bikeshop: die richtige Rahmengröße und Geometrie. Denn diese Maße sind entscheidend für den Fahrspaß. Auch ein technisch optimales Mountainbike kann sich störrisch wie ein Maulesel fahren – wenn die Rahmengröße und Geometrie nicht zu den eigenen Körpermaßen passen. Dann passiert Folgendes: Die Lendenwirbel schmerzen, der Nacken wird steif, taubes Gefühl unter der Gürtellinie – viele Bikeneulinge fühlen sich nach der ersten Tour, als hätten sie einen Tag in der Folterkammer hinter sich. Auch wenn der Trend weg von der »sportlichen Position« zu aufrechteren und komfortableren Sitzhaltungen gegangen ist – bequem ist ein Mountainbike kaum für untrainierte Einsteiger. Nach Jahren der Race- und Sportgeometrien sorgen nun aber zumindest gekröpfte Lenker aus dem Downhillbereich und kurze Vorbauten für eine verkürzte Sitzposition mit diesen Vorteilen: Erstens bleiben Kreuzschmerzen aus, auch auf ausgedehnten Touren. Besonders Biker mit langen Beinen und kurzem Oberkörper sowie Frauen brauchen allein aus anatomischer Sicht eine kurze Geometrie. Zweitens: Durch den höheren Lenker behält man eine bessere Kontrolle über das Bike, auch wenn's mal steil bergab geht. Nicht umsonst haben die Bikes der Downhill-Profis extrem kurze Oberrohre und steile Vorbauten. Nachteil der kurzen Sitzposition: Die Klettereigenschaften verschlechtern sich, das Vorderrad tendiert in steilen Passagen zum Steigen. Doch sogar in den Alpen machen derartige Steilstücke höchstens bis zu fünf Prozent einer Tour aus.

Das zunächst wichtigste Maß ist die Rahmenhöhe. Diese wird üblicherweise von der Mitte des Tretlagers bis zur Oberkante des Sitz-

Ein langer Vorbau und ein langes Oberrohr verursachen eine sportlich-gestreckte Sitzposition, die nur trainierte Biker gut vertragen.

TIPPS & TRICKS

Draufsetzen und wohlfühlen – das ist leichter gesagt als getan. Am besten messen Sie in Ruhe zu Hause und haben dann beim Händler Ihre wichtigsten Daten parat. Wichtig: Ermitteln Sie Ihre Beinlänge. Dazu stellen Sie sich barfuß mit dem Rücken an die Wand und messen den Abstand vom Boden bis in den Schritt. Diesen Wert setzen Sie in diese Formel ein:

BEINLÄNGE IN ZENTIMETERN MAL 0,57

Das Ergebnis ist die für Sie passende Rahmenhöhe. Um diese festzulegen, müssen Sie jetzt noch den Einsatzbereich bestimmen. Es gelten folgende Faustregeln: Tourenorientierte Komfortbiker greifen im Zweifel zur nächstgrößeren Rahmenhöhe, sportlich orientierte Geländefans eher zur kleineren. Frauen und Fahrer mit kurzem Oberkörper sollten auf den nächstkleineren Rahmen setzen, da mit abnehmender Rahmenhöhe auch das Oberrohr kürzer wird.

Wenn Sie bereits im Shop stehen, gibt es noch eine Schnellmethode. Das Bike zwischen die Beine nehmen und sich über die Mitte des Oberrohrs stellen (mit flachen Schuhen): Zwischen Schritt und dem Oberrohr sollten jetzt noch zwischen sieben und zehn Zentimetern Platz sein – sozusagen der Airbag.

CHECKLISTE BEIM KAUF

- **Unternehmen Sie eine längere Probefahrt, am besten auf Festivals oder einem Testbike. Bei der Fahrt nur um den Block können Sie das Bike nicht ausreichend beurteilen.**
- **Testen Sie verschiedene Rahmen-Geometrien. Erst im direkten Vergleich erspürt man die Unterschiede.**
- **Nehmen Sie ein Maßband mit in den Shop. Prüfen Sie anhand der Anleitung (Die richtige Oberrohrlänge), ob der Rahmen passt.**
- **Achten Sie auf die Federgabel. Der nachträgliche Einbau einer Federgabel kann die Geometrie und damit die Fahreigenschaften des Bikes verändern. Wenn die Gabel schlecht arbeitet, bestehen Sie auf eine individuelle Abstimmung ab Shop. So spart man Geld für nachträgliche Tuningkits.**

Kurzes Oberrohr, kurzer Vorbau: Das ergibt einen aufrecht-komfortablen Sitz für Hobbybiker und Tourenfahrer, die oft mit Rucksack biken.

DIE RICHTIGE MASSEINHEIT

Viele Bikes werden in Inches, zu Deutsch »Zoll« gemessen (1 Zoll entspricht 2,54 Zentimeter). Die deutsche Rahmengröße zu den amerikanischen Maßen finden Sie hier:

Zoll	Zentimeter
14	36
14,5	37
15	38
15,5	39
16	41
16,5	42
17	43
17,5	44
18	46
18,5	47
19	48
19,5	50
20	51
21	53
22	56
23	58

rohres gemessen. Sie richtet sich in erster Linie nach Ihrer Beinlänge. Zum Messen der Beinlänge (oft ungenau als Schrittlänge bezeichnet) stellt man sich am besten mit dem Rücken gegen eine Wand und misst den Abstand vom Boden bis zum Schritt (siehe folgende Seiten). Zur Bestimmung der individuell richtigen Rahmenhöhe kann man sich an folgende einfache Faustregel halten: Beinlänge (auf der Innenseite gemessen) in Zentimetern mal 0,57.

Für einen Biker mit der Beinlänge 85 Zentimeter beträgt die passende Rahmenhöhe also etwa 48,5 Zentimeter. Je nach Geschmack und Einsatzbereich darf's natürlich auch ein bisschen mehr oder weniger sein. Tourenfahrer werden daher eher zu einem etwas größeren Rahmen tendieren. Wer oft kürzere, technisch anspruchsvolle Trails fährt, sollte lieber eine Nummer kleiner wählen. Kleinere Rahmen sind wendiger und bieten ein leichteres Handling. Wie bei einem Maßanzug gelangt man über die Beinlänge zur individuellen Rahmenhöhe. Die optimale Sitzhöhe stellt man so fest: Steht man mit der Ferse (flache Sohle) auf dem Pedal bei nach unten gestellter Kurbel, sollte das Bein gestreckt sein, dabei darf man aber nicht mit dem Po seitlich aus dem Sattel rutschen.

SO FINDET MAN DIE RICHTIGE OBERROHRLÄNGE

Das zweite wichtige Maß beim Bikekauf ist die Oberrohrlänge. Bei Fullsuspension-Rahmen existiert das übliche »Oberrohr« kaum noch. Hier geht man von einer gedachten waagerechten Linie von der Oberkante des Steuerrohrs aus. Die Oberrohrlänge lässt sich nicht mit einer Formel berechnen. Deshalb haben Testredakteure aus Erfahrungswerten mit hunderten von Bikes eine Tabelle erarbeitet. Je nach Einsatzbereich und Körperanatomie kann man die entsprechenden Werte für die Oberrohrlänge entnehmen. Ihr Wunsch-Bike wird natürlich nicht auf den Millimeter genau diese Maße besitzen, aber in etwa sollten die Werte schon passen. Nehmen Sie also unbedingt ein Maßband mit in den Shop.

Doch die Oberrohrlänge ist nicht das Maß aller Dinge. Sitzt man bei eigentlich richtiger Rahmenhöhe total überstreckt auf dem Rad und muss die Arme lang machen, ist das Oberrohr oder der Vorbau zu lang. Man sollte die Ellenbogen beim Biken noch leicht anwinkeln können. Durch Verändern von Vorbau und Sattelstütze lässt sich aus einem Racebike mit gestreckter Sitzposition ein bequemer Cruiser machen.

Vorbauten gibt es in allen Längen. Doch Vorsicht: Vorbaulängen unter 60 Millimeter machen die Lenkung meist zu agil und direkt. Gegenbeispiel: Ein zu langer Vorbau sorgt für träges Lenkverhalten. Die goldene Mitte liegt zwischen 80 und 120 Millimetern (mehr dazu können Sie in Kapitel 18 lesen). Auch durch den Tausch der Sattelstütze kann man die Sitzposition entscheidend beeinflussen. Zwei unterschiedliche Systeme sind auf dem Markt. Erstens: Das Ritchey-System. Diese Stützen besitzen im oberen Teil eine Kröpfung, die Sattelklemmung ist etwa einen Zentimeter nach hinten versetzt. Folge: Der Abstand zum Lenker verlängert sich, die Sitzposi-

RAHMENGEOMETRIE – DAS BEDEUTEN

Die Geometrie ist zum einen verantwortlich für die Sitzposition des Fahrers, zum anderen bestimmt sie die Fahreigenschaften des Bikes.

Lenkwinkel: Zwischen 71 und 74 Grad. Je steiler der Winkel, desto unruhiger wird das Bike beim Lenken. Je flacher der Lenkwinkel, desto träger reagiert das Rad auf Richtungsveränderungen.

Kettenstrebenlänge: Zwischen 420 und 450 Millimeter. Kurze Kettenstreben verbessern die Traktion.

Oberrohrlänge: Mit einem langen Oberrohr sitzt man gestreckter, mit einem kürzeren aufrechter auf dem Bike (genauere Maße können Sie der Tabelle »Oberrohrlänge« entnehmen).

Rahmenhöhe: Entscheidend für die Rahmenhöhe ist Ihre Körpergröße bzw. Beinlänge (siehe »Tipps & Tricks«).

Radstand: Ein kurzer Radstand macht das Bike wendig, ein

DIE WICHTIGSTEN MASSE

langer Radstand laufruhig bei hohen Geschwindigkeiten.

Niveau-Unterschied: Je größer der Niveau-Unterschied, desto sportlicher die Sitzposition, sodass auch der Rücken stärker belastet wird.

Sattelposition: Abstand vom Sattel zum Pedal, wenn es waagerecht steht (Knielot!).

Sitzwinkel: Üblicherweise zwischen 71 und 74 Grad, er bestimmt die Sitzposition im Verhältnis zum Tretlager.

Vorbaulänge: Je länger der Vorbau, desto weiter müssen Sie nach vorne greifen. Durch einen kürzeren Vorbau kann man die Sitzposition aufrechter gestalten.

tion wird gestreckter. Zweitens: Das Syncros-System. Hier befindet sich die Klemmung direkt über dem Kopf der Stütze – der Sattel sitzt weiter vorne (siehe dazu auch Kapitel 19).

Ein weiterer Punkt, der einem den Spaß am neuen Bike gründlich verderben kann, ist ein zu großer Niveau-Unterschied zwischen Sattel und Lenker. Der Sattel thront weit über dem Lenker. Diese Aeroposition ist nur etwas für Triathleten. Achten Sie deshalb schon beim Bikekauf darauf: Einen Niveau-Unterschied von über acht Zentimetern sollte man sich nicht zumuten. Der Händler kann auch hier mit einem steileren Vorbau und einem geschwungenen Lenker Abhilfe schaffen.

DIE RICHTIGE OBERROHRLÄNGE

So finden Sie Ihre persönliche Geometrie: Messen Sie Ihre Beinlänge (siehe »Tipps & Tricks«). Daraus ergibt sich die Rahmenhöhe. Jetzt kommt es darauf an. Komfort suchende Tourer und Frauen richten sich nach der Oberrohrlänge »Tour«. Für sportliche Racer und Sitzriesen mit langem Oberkörper ist das Maß Oberrohr »Sport« interessant. Diese Werte kann man natürlich auf- oder abrunden.

Beinlänge	Rahmenhöhe	Oberrohr Tour	Oberrohr Sport
74 cm	42 cm	530 mm	555 mm
75 cm	43 cm	533 mm	558 mm
77 cm	44 cm	536 mm	561 mm
79 cm	45 cm	540 mm	565 mm
81 cm	46 cm	544 mm	569 mm
82 cm	47 cm	548 mm	573 mm
84 cm	48 cm	553 mm	578 mm
86 cm	49 cm	558 mm	583 mm
88 cm	50 cm	564 mm	589 mm
99 cm	51 cm	570 mm	595 mm
91 cm	52 cm	576 mm	601 mm
93 cm	53 cm	582 mm	607 mm
95 cm	54 cm	590 mm	615 mm

BITTE MASS NEHMEN LASSEN

Ihre Körpermaße sind entscheidend für eine angenehme oder schmerzhafte Position auf dem Mountainbike. Optimal ausgestattete Fahrradläden besitzen ein Einstellbike oder eine andere Vorrichtung, mit der man die entscheidenden Längen feststellen kann. Ansonsten lassen Sie sich zu Hause von einem Freund oder dem Partner helfen. Wichtig sind diese Maße auch, wenn man ein Rad vom Versender bestellt und vorher nicht Probesitzen kann.

Mehr als alles andere entscheidet die Beinlänge (oft etwas ungenau als Schrittlänge bezeichnet), da sie die wichtige Rahmenhöhe beeinflusst. Leider kann man Räder nicht einfach nach Lust und Laune konstruieren. Abmessungen wie Oberrohrlänge, Lenk- und Sitzwinkel, aber auch der Radstand und darin enthalten die Kettenstrebenlänge sowie Länge und Winkel des Vorbaus beeinflussen die Fahreigenschaften erheblich.

Suchen Sie deshalb ein Fahrrad aus, das möglichst nahe an die Optimalmaße Ihres Körperbaus heranreicht. Kleinere Korrekturen lassen sich dann durch die Einstellung des Sattels oder durch einen anderen Vorbau erzielen. Auch wenn das Bike passt, sollten Sie die Kontaktpunkte und das Cockpit, sprich Lenker und Bremsen, individuell einstellen. Sattelhöhe und die Sattelposition entscheiden über Knieprobleme oder entspanntes Treten. Wichtig: Das Lot von der Kniescheibe darf nicht vor der Pedalachse liegen. Sonst werden die Kniescheibe und die damit verbundene Patellar-Sehne unnötig stark belastet, sodass es zu Schmerzen in diesem empfindlichen Gelenkbereich kommen kann. Auch die Position der Sohlencleats ist sehr wichtig für ein beschwerdefreies Pedalieren und sollte unbedingt korrekt für die eigenen Gegebenheiten eingestellt werden (siehe Kapitel 12).

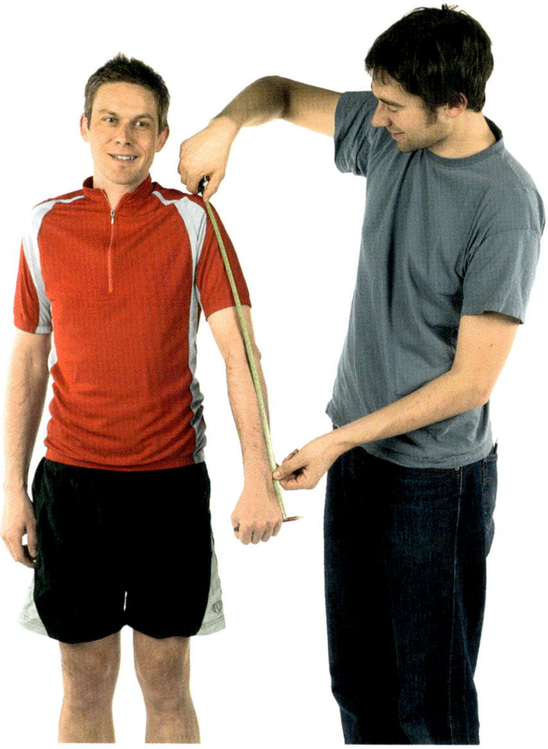

Die Armlänge entscheidet mit der Oberkörperlänge über die Sitzlänge, die beim Bike zwischen Sattel und Lenker gemessen wird. Dazu nimmt man einen Bleistift in die Faust, gemessen wird der Abstand von Bleistift zu Schultergelenk (Schlüsselbeinknochen) bei gestrecktem Arm. Bei extrem langen Armen kann man größere Oberrohrlängen wählen (und umgekehrt).

Die Körpergröße aufrecht, ohne Schuhe messen. Dazu lehnt man sich am besten an eine Wand, wobei Hinterkopf, Schulterblätter und Fersen diese berühren. Mit der waagerecht aufliegenden Wasserwaage misst der Helfer den Abstand von Scheitel zu Boden. Geringe Beinlänge bei langem Oberkörper verlangen größere Oberrohrmaße.

Gehen Sie beim Messen der Beinlänge sehr sorgfältig vor. Wieder ganz gerade an eine Wand stellen, der Helfer misst auf der Innenseite mit der Wasserwaage den Abstand vom Boden bis zum Schritt. Am besten nur eine Unterhose anziehen, die Wasserwaage muss mit leichtem Druck waagerecht angelegt werden.

So justiert man die korrekte Sitzhöhe: Der Partner hält das Bike, Sie sitzen im Sattel und stellen den Fuß mit der Ferse auf das maximal tief gestellte Pedal. Jetzt sollte das Bein gestreckt sein, das heißt der Winkel des Kniegelenks beträgt nahezu null Grad. Aber nicht seitlich aus dem Sattel rutschen, um das Pedal zu erreichen – dann wäre er zu hoch.

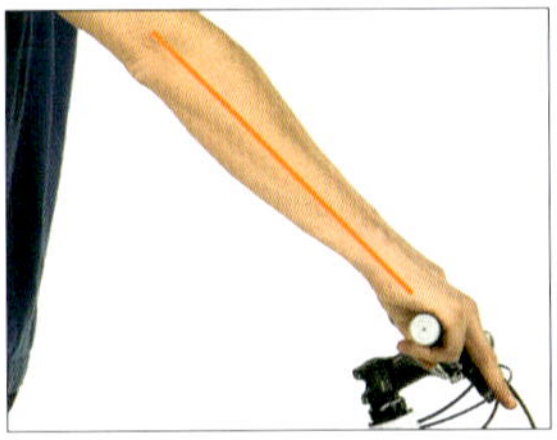

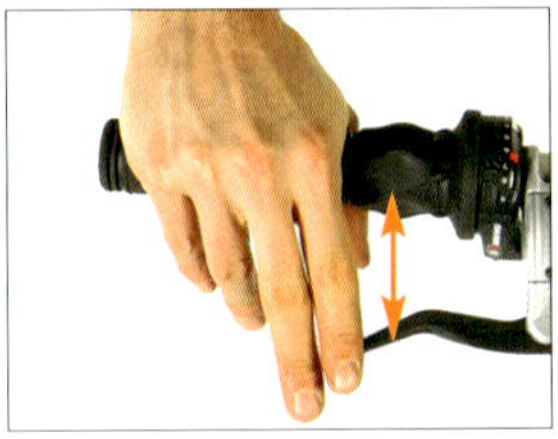

Oft unterschätzt: die korrekte Einstellung der Armaturen. Drehen Sie die Bremshebel so nach unten, dass sie in der Verlängerung der Unterarme stehen, wenn Sie normal auf dem Rad sitzen (Bild oben). So spart man sich kräftezehrendes und unangenehmes Verdrehen der Handgelenke. Bei guten Bremshebeln lässt sich auch die Griffweite verstellen (links). Gut für Menschen mit kleineren Händen, Jugendliche und Frauen.

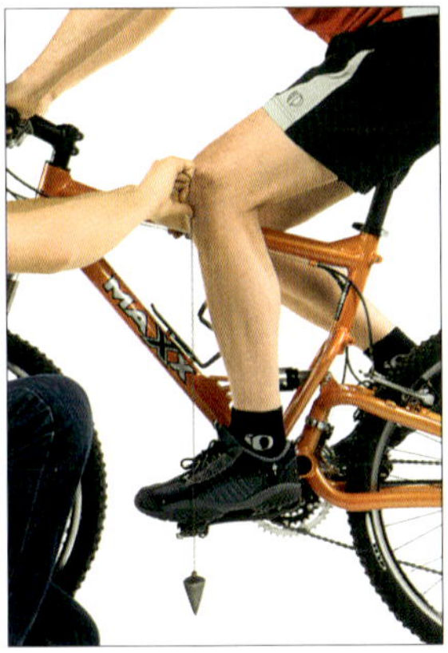

Absolut entscheidend für beschwerdefreies Treten: In normaler Sitzposition das Pedal waagerecht stellen. Eine senkrechte Linie (Lot) von der Kniescheibe zum Pedal sollte auf der Pedalachse, aber nicht davor auftreffen. Verrutschen Sie den Sattel dazu nach hinten oder vorne, bis die Sattelposition passt. Sonst wird der Druck auf die Kniescheibe zu hoch, vor allem in großen Gängen.

Optimal und bewährt ist eine absolut waagerechte Ausrichtung der Satteltfläche. Wer damit Sitzbeschwerden hat, kann die Sattelnase leicht nach unten neigen. Auch Frauen kommen häufig mit einer nach unten geneigten Sattelfläche (zwei bis drei Grad) besser zurecht.

Mit Spacern (Zwischenringen) am Vorbau kann man die Lenkerhöhe bis zu 40 Millimeter variieren. Sitzt man bei maximaler Spacerzahl (nicht mehr als vier) zu tief und zu gestreckt, sollte man einen kürzeren und/oder steileren Vorbau in Erwägung ziehen (siehe Kapitel 18).

DAS RICHTIGE WERKZEUG

Frisch geschraubt ist halb repariert. Ein Mountainbike selbst pflegen und warten zu können, erfordert nur ein wenig Geschick und eine erschwingliche Grundausstattung an Werkzeug.

Schrauben macht Spaß – mit dem richtigen Werkzeug. Passendes und gutes Werkzeug erleichtert viele Arbeiten und bewahrt vor bösen Überraschungen. Darum sollte man, bevor man sich mit den folgenden Anleitungen in die Arbeit stürzt, das entsprechende Werkzeug besorgen und darauf achten, dass man alle nötigen Hilfsmittel bei sich zu Hause hat. Nichts ist ärgerlicher, als mitten in einer Reparatur aufgeben zu müssen, weil ein Werkzeug oder ein Ersatzteil fehlt.

Sehr wichtig ist die Qualität des Werkzeugs. Hier sollte man nicht auf dem untersten Niveau beginnen und sein wertvolles Mountainbike mit einer Billig-Kombizange und Schraubendrehern aus der Losbude malträtieren. Zu weiche oder nicht passende Schrauben- und Inbusschlüssel nützen sich oder einen Schraubenkopf schnell ab und machen eine Reparatur zur Sackgasse. Für etwas anspruchsvollere Arbeiten, wie beispielsweise im Tretlagerbereich oder an gefederten Hinterbauten und Federgabeln, sollte man sich die entsprechenden Werkzeuge kaufen und dabei immer auf die korrekten Spezifikationen am eigenen Bike und die richtigen Maße achten. Achtung: Es gibt auch Inbus- oder andere Schrauben in Zollmaßen!

Wer mit einfachen Reinigungs- und Wartungsarbeiten beginnt, bekommt schnell Lust, noch mehr zu schrauben. Das spart zum einen Geld, und zum anderen wird man mit seinem Bike immer vertrauter und kann sich bei Pannen im Gelände besser helfen. Um Ihre Bike-Werkstatt einzurichten, brauchen Sie nicht den Bau-

1. Säge
2. Magnetschüssel (optional)
3. Kabelbinder
4. Dämpferpumpe
5. Feile
6. Kabelcutter (für Züge und Hüllen)
7. Franzose
8. Shimano-Tretlagerschlüssel (neue XT/XTR)
9. Flaschenöffner (optional)
10. Speichenspanner
11. Torx-Schlüssel (für Scheibenbremsen)
12. Schlitzschraubendreher
13. Kreuzschraubendreher
14. Messer

15. Reifenheber
16. Kettennieter
17. Kurbelabzieher
18. Maßband
19. Schraubenschlüssel (8er, 13er und 15er)
20. Pedalschlüssel
21. Kunststoffhammer
22. Inbusschlüsselsatz
23. Drehmomentschlüssel mit unterschiedlichen Einsätzen
24. Kassettenabzieher
25. Kassettenhalter (Ersatz für Kettenpeitsche)
26. Flache Maulschlüssel für Shimano-Naben (15/17er)
27. Y-Inbus
28. Innenlagerschlüssel (für konventionelle Innenlager)

Das sollte man auf Touren mindestens dabeihaben: Reifenheber, Kombitool mit Kettennietdrücker (oder einen Nietdrücker einzeln), ein paar Kabelbinder sowie Ersatzschlauch und Pumpe.

markt leer zu kaufen. Viele der Teile befinden sich bereits in einer gut ausgestatteten Werkzeugkiste, wie Maulschlüssel oder ein Inbus-Schlüsselsatz. Schraubendreher mit Flach- oder Kreuzschlitzklinge in verschiedenen Größen schonen die Einstellschrauben an Bremsen und Schaltung.

An Scheibenbremsen findet man Torx-Schrauben, ähnlich einem Inbus, aber mit mehr Verzahnungen. Diese Schraubenschlüssel greifen besser, sodass man die Schraubenköpfe flacher gestalten kann. Einen kompletten Satz gibt's im Baumarkt.

Wer gerne und oft schraubt, sollte sich die Anschaffung eines so genannten Workstands überlegen. Gute Reparatur-Ständer gibt es bereits ab 80 Euro, und sie erleichtern die Bastelei ungemein. Zum einen ist das Fahrrad fixiert und gut zugänglich, zum anderen erreicht man auch eine bessere Arbeitshöhe, und viele Einstellarbeiten, bei denen man an den Kurbeln dreht, sind mit einem Workstand viel leichter vorzunehmen.

Beim Zerlegen von Teilen wie Federgabeln oder Hinterbauten sollte man unbedingt einen so genannten Karosseriehammer mit Kunststoffeinsätzen verwenden. Ein normaler Stahlhammer hinterlässt böse Schrammen und Kanten auf den Metallteilen.

Ebenso unerlässlich ist ein guter Bowdenzugschneider. Die von Profis gelobte Shimano-Zange kommt mit 40 Euro relativ teuer, aber die Züge fransen nicht aus. Sie funktioniert für Schalt- wie für Bremszüge problemlos.

Ein weiteres Spezialwerkzeug ist der Kurbelabzieher. Auch hier sollte man nicht die billigste Ausführung kaufen, denn ist das Gewinde der Kurbel erst einmal defekt, wird der Ersatz richtig teuer. Neuere Tretlager von Shimano erfordern Spezialschlüssel. Beim Nippelspanner auf die richtige Größe für die eigenen Speichen achten, sonst nützen sich die Nippel schnell ab und aus ist's mit dem Zentrieren. Bei Reifenhebern funktionieren Modelle, die sich mit einem Haken in die Speichen einhängen lassen, am

Macht ordentlich Druck und zeigt ihn auch: Eine richtige Standpumpe ist nicht allzu teuer und darf in keinem Bike-Haushalt fehlen.

Alte Werkstattweisheit: Nach fest kommt ab. Wer Schrauben und die Sicherheit ernst nimmt, kauft einen Drehmomentschlüssel, an dem sich vorgeschriebene Anzugsmomente einstellen lassen.

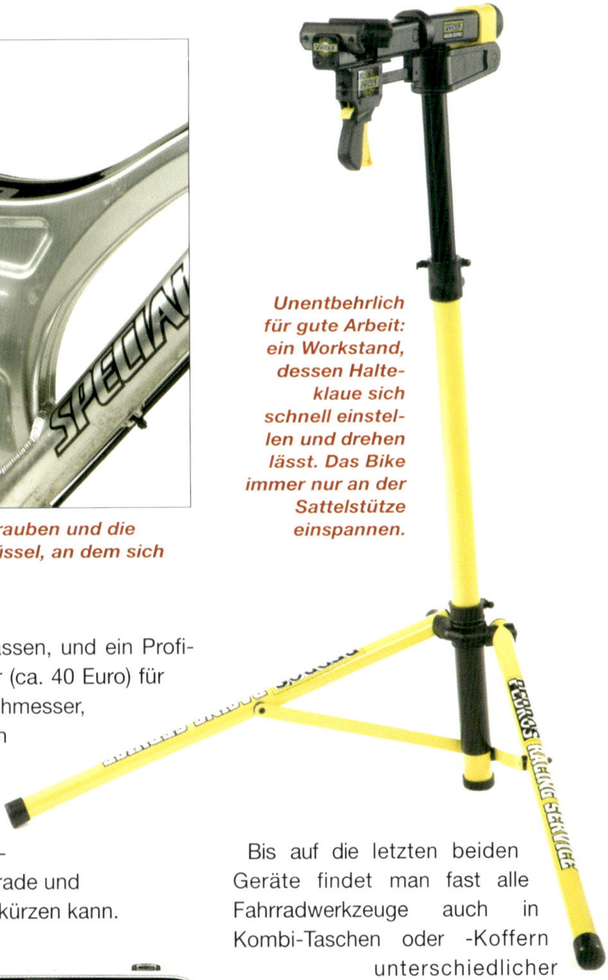

Unentbehrlich für gute Arbeit: ein Workstand, dessen Halteklaue sich schnell einstellen und drehen lässt. Das Bike immer nur an der Sattelstütze einspannen.

besten. Ein kompakter Kettennieter leistet gute Dienste auch im Gelände bei einem Kettenriss.

Nun kommen die Geräte, die man bei normaler Fahrleistung bis tausend Kilometer nur zweimal im Jahr in die Hand nimmt: Für die Ritzelkassette braucht man eine Kettenpeitsche und eine Kettennuss. Mit der Kettenpeitsche hält man die Zahnkränze gegen die Freilaufrichtung fest, sonst lässt sich die Sicherungsschraube nicht lösen.

Ein Zentrierständer ist nützlich für Vielfahrer, die immer wieder Achter in ihre Laufräder shredden. Für viele Patronentretlager mit Octagon- oder Vierkantwelle passt die Tretlagernuss, die oft in Radwerkzeugsets enthalten ist.

Zwei Geräte braucht man noch seltener als Tretlagerschlüssel und Zentrierständer. Die Anschaffung lohnt sich nur für angefressene Bastler oder falls man auch für Freunde und Bekannte Reparaturen ausführt: Ein Aheadset-Montagegerät (ca. 30 Euro), mit dem sich die Krallen für den Steuersatz optimal einschlagen lassen, und ein Profi-Rohrschneider (ca. 40 Euro) für große Durchmesser, mit dem man sowohl Lenker als auch Gabelschäfte und Sattelstützen sauber, gerade und unkompliziert kürzen kann.

Bis auf die letzten beiden Geräte findet man fast alle Fahrradwerkzeuge auch in Kombi-Taschen oder -Koffern unterschiedlicher Preiskategorien. Die Qualität von günstigen Werkzeugsets ist für Profi-Schrauber nicht ausreichend, für den Hausgebrauch tun sie's. Vorteil: Der Gesamtpreis für den Werkzeugkoffer (von 50 bis 100 Euro) ist günstiger als die Summe aller Einzelteile. Die teureren Sets enthalten mehr Spezialwerkzeuge und halten auch mehrjährigen Profieinsatz aus.

Im Superkoffer für Profischrauber stecken wirklich alle Werkzeuge. Er hat mit rund 700 Euro aber auch seinen Preis.

REINIGUNG UND PFLEGE DES MOUNTAINBIKES

Dem Rost und Schmutz keine Chance: Wer sein Mountainbike regelmäßig reinigt und pflegt, spart sich jede Menge Reparaturen und hat garantiert mehr Spaß am Biken, weil alles wieder flutscht.

Wer seinem Bike regelmäßig ein Minimum an Pflege gönnt, hat garantiert länger Spaß damit. Ein ausgiebiger Frühjahrsputz reduziert außerdem auch die nötigen Wartungs- und Instandhaltungsarbeiten während der Saison auf ein Minimum. Der Trick dabei: Rahmen und Teile werden nach der Reinigung versiegelt. So hat neuer Schmutz weniger Chancen, sich einzunisten.

Für gelegentliche Schönwetter-Biker reduzieren sich die Säuberungstermine meist auf das Ölen der Kette. Dagegen versteht es sich von selbst, dass die Pflegeintervalle immer kürzer werden,

Mit einem Bürstenset kommt man in alle versteckten Winkel am Rad.

wenn man zur Kategorie der Vielfahrer zählt, die auch im Dauerregen stundenlang biken und samt Bike gerne Schlammbäder nehmen. Da sollte man schon nach jeder Regenfahrt nach dem Rechten sehen. Fünf Minuten für eine Katzenwäsche müssen immer drin sein. Der Schmutz ist direkt nach der Tour noch weich und löst sich bereits bei einer Kurzbehandlung mit klarem Wasser. Ist der Dreck am Rahmen erstmal richtig eingetrocknet, dauert's deutlich länger. Oft lässt sich der Schmutzpanzer dann nur noch mit speziellen Fahrradreinigern aufweichen, und auch nach der Spülung muss man an versteckten Stellen nochmals Hand anlegen.

Was in diesen Putzmittelflaschen steckt und den Bikes wieder zu aprilfrischem Glanz verhilft, verrät ein Blick aufs Etikett. Tenside, Phosphate, Hilfsstoffe – die meisten Hersteller von Reinigern schwingen chemische Keulen im Kampf gegen Schlamm und Staub. Die

Mit einem Kettenreinigungsgerät bleiben Hände und Kette sauber.

Problemlöser Nummer eins sind waschaktive Substanzen, so genannte Tenside. Sie setzen die Oberflächenspannung des Wassers herab und erleichtern damit das Eindringen in den Schmutz. Sie knacken sogar fettige Oberflächen. Phosphate verstärken diese Wirkung noch. Phosphathaltige Mittel gehen deshalb noch aggressiver zu Werke. Doch keine Bange, keiner der Schmutzfresser greift Gummidichtungen an. Die verschiedenen Reiniger unterscheiden sich einzig in ihrer Konsistenz. Auch Entfetter richten in der Regel an Dichtungen keinen Schaden an. Und das, obwohl sie che-

SCHMIEREN – WANN, WAS UND WIE

Zeitintervall	Bauteil	Das passende Mittel
Geringer Wartungsabstand (je nach Einsatz, aber nach jeder Schlammfahrt)	Kette schmieren	Kettenöl, bei Trockenheit dünneres Öl, bei Nässe dickeres, evtl. mit Wachs versiegeln
	Schaltwerkscharniere, Federgabelstandrohre, Dämpferkolben, Pedale	Dünnes Öl oder Teflon-Spray
Mittlerer Wartungsabstand (je nach Einsatz)	Schalt- und Bremszüge	Dünnes Öl oder Teflon-Spray
	Lack	Politur
Großer Wartungsabstand (je nach Einsatz etwa zweimal pro Saison)	Naben, Innenlager, Steuersatz	Fett
	Schwingendrehpunkte	Lager nach Herstellerangaben fetten (manche Gleitlager dürfen nicht gefettet werden)

misch gesehen streng genommen zu den Lösungsmitteln zählen.
Für die Umwelt jedoch sind selbst diese geringen Konzentrationen nicht ganz unbedenklich. Schließlich hat nicht jeder einen Waschplatz mit umweltgerechter Abwasserentsorgung. Auf keinen Fall sollte man sein Bike dort waschen, wo das Abwasser ungehindert in den Erdboden sickert. Das Mindeste ist ein Abfluss, der in einer Kläranlage endet. Besondere Vorsicht gilt beim Ölen. Bereits ein Tropfen kann 1000 Liter Wasser verunreinigen! Abtropfendes Öl fängt man am besten auf. Oder Sie legen eine Pappe unter das Rad, die Sie bei der Altöl-Sammelstelle entsorgen.

Ein Blick auf den Antrieb entlarvt sofort, wer sein Rad pflegt und wer nach der Regenfahrt nur an die eigene warme Dusche denkt. Die hier beschriebene Kettenbehandlung reicht völlig aus, der Korrosion Einhalt zu gebieten und den Gliederstrang geschmeidig zu halten. Einen entscheidenden Vorteil bringt die abschließende Versiegelung mit Wachs. Zum einen konserviert die Schutzschicht den zuvor aufgebrachten Schmierstoff, zum anderen erschwert sie das Anhaften neuen Staubs. Auch der Rahmen dankt eine Wachspflege mit dauerhaftem Glanz. Pflegeöle eignen sich dagegen für den Schutz von Schraubverbindungen und versteckten Stellen. Bei großflächiger Anwendung ziehen sie den Staub eher an. Die Putzerei lohnt sich auf jeden Fall. Denn auf der nächsten Tour surrt das Bike wie neu – und der Aufwand ist nicht höher als für ein heißes Bad mit anschließender Pflegelotion.

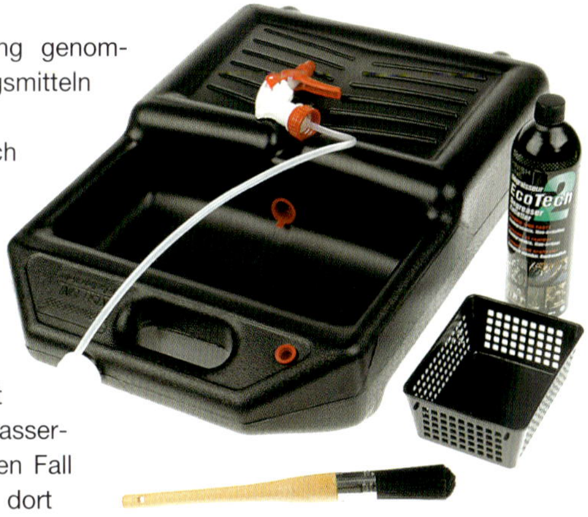

Optimal, um kleine Teile zu reinigen: Wanne mit Auffangbehälter.

Im Kit sind die notwendigen Reiniger, Schwamm und Bürste enthalten.

Bio-Entfetter oder Spüli für Rahmen und Teile, Citrus für die Kette.

BIKE-KOSMETIK

Sorgfältige Pflege des Bikes bringt nicht nur optisches Facelifting. Sie verbessert auch die Funktion. Hier die richtigen Kosmetika für jeden Zweck.

- **Reiniger: Weicht verkrusteten Schmutz an Rahmen und Teilen auf. Der Schmutz lässt sich nach kurzer Einwirkzeit mit Wasser abspülen. Meist biologisch abbaubar.**
- **Entfetter/Degreaser: Löst Fett und stark fetthaltigen Schmutz. Besonders geeignet für Kettenblätter, Schaltungskomponenten und zur äußeren Reinigung der Kette, aber auch an Rahmen und sonstigen Komponenten wirksam.**
- **Wachs-Schutzspray zur Versiegelung von Oberflächen: Geeignet für Rahmen und Kette (nach dem Schmieren!). Staub abstoßend, verhindert das Anhaften von neuem Schmutz.**
- **Kettenreiniger: Wird meist in speziellen Kettenreinigungsgeräten eingesetzt. Stark entfettend, das heißt, Schmierstoffe werden nicht nur außen, sondern leider auch aus den Verbindungsgelenken der Kette gelöst. Reste des Reinigers verbleiben in der Kette und können das Eindringen neuen Öls erschweren. Nur bedingt zu empfehlen!**
- **Pflegeöl/Pflegefluid: Korrosionsschutz für Schraubverbindungen, Stöße, Falze etc. Bringt ähnlich wie Wachs einen Schutzfilm auf. Der ist allerdings nicht gerade Schmutz abweisend. Sehr gut geeignet bei Stilllegung des Rades im Winter.**
- **Silicon-Öl: Gut geeignet zur Kunststoff- und Gummipflege. Im Vergleich zu Ölen ohne Silicon-Zusatz geringe Schmiereigenschaften. Weniger empfehlenswert zur Kettenschmierung. Schmutz abweisend.**
- **Schmieröle: Schmiermittel und Korrosionsschutz. Geeignet für Kette und Gelenke. Je besser die Kriecheigenschaft, desto effektiver gelangt es an die zu schmierenden Stellen, zum Beispiel Kettenbolzen. Zugesetzte Stoffe wie Teflon sollen die Gleiteigenschaft verbessern.**

ERST PUTZEN, DANN PFLEGEN

1

2

3

Folgende Grundreinigung sollten Sie von Zeit zu Zeit, auf jeden Fall aber nach jeder Fahrt im Matsch und vor allen Reparaturarbeiten, durchführen: Befreien Sie ihr Bike zunächst mit Wasser und einem Schwamm vom allergröbsten Schmutz.

1. Sprühen Sie dann das komplette Bike mit Bio-Degreaser (oder Spüli-Lösung) ein. Lassen Sie das Mittel kurz einwirken. Spülen Sie jetzt mit Wasser nach und wischen Sie verbliebene Schmutzreste mit dem Schwamm ab. Widmen Sie sich jetzt dem Antrieb.

2. Reinigen Sie das Ritzelpaket mit Citrus-Degreaser und einer harten Bürste (Spezialbürsten gelangen auch zwischen die Ritzel).

3. Reinigen Sie jetzt die Kette mit Citrus-Degreaser und einer Bürste oder mit dem Kettenreinigungs-Gerät. Besonders wichtig: Wischen Sie nach dem Waschgang den Rahmen und alle Komponenten trocken. Noch wichtiger: Schmieren Sie alle drehbaren Teile direkt nach der Reinigung (rechts). Sonst können sie sich festsetzen oder sogar einrosten.

1

Also nochmal: Führen Sie folgende Pflegearbeiten direkt nach der Grundreinigung durch. Sonst hält sich das Wasser in Lagern und Zügen und kann erheblichen Schaden anrichten. Schmieren Sie Ihr Bike nicht auf dem Wohnzimmerteppich. Der eine oder andere Tropfen Öl geht immer daneben. Widmen Sie sich zunächst der Kette. Als Schmiermittel eignet sich Öl in unterschiedlichen Konsistenzen am besten. Teflon- oder Silikon-Spray hat zu wenig schmierende Wirkung. Tragen Sie das Kettenöl unter Drehen des Antriebs auf und lassen Sie es einwirken.

1. Tragen Sie das Öl immer Glied für Glied und auf der Unterseite der Kette auf. Nur so kann es beim Drehen des Antriebs ins Innere der Kettenglieder gelangen. Das überschüssige Öl wischen Sie mit einem Lappen ab. Profis versiegeln das Ganze danach mit Wachs (zum Beispiel Pedro's Ice Wax). Dadurch zieht das Kettenöl weniger Schmutzpartikel an. Die Wartungsintervalle werden größer. Nehmen Sie sich jetzt alle beweglichen Teile vor. Dazu gehören die Drehpunkte des Schaltwerkes und des Umwerfers, die Gelenke der Klickpedale, die Züge und Federn.

2. Sprühen Sie Teflon-Spray (zum Beispiel Pedro's Extra Dry) auf diese Teile. Teflon hat ein hervorragendes Kriechverhalten und gelangt auch in die engsten Ritzen. An dieser Stelle sollten Sie nochmal eine Reinigungsarbeit durchführen, und zwar an der Scheibenbremse. Entnehmen Sie die Beläge und reinigen Sie die Hohlräume im Bremskörper mit einem Lappen oder Pinsel. Bei starker Verschmutzung benutzen Sie Bremsenreiniger.

3

Zum Schluss wenden Sie sich der Lackpflege zu.

3. Polieren Sie den Rahmen und alle lackierten Komponenten mit einem speziellen Poliermittel (zum Beispiel Pedro's Bike Lust). Das bewahrt vor stumpfem Lack und verhindert Schäden durch Steinschlag.

2

ALLES ÜBER DIE SCHALTUNG

Hier wird alles erklärt: von der Anschlagschraube bis XTR. Worauf es ankommt, was man bei der Schaltung wofür braucht und wie man rasselnde Gänge flott wieder in den Griff bekommt.

Bikepionier Gary Fisher plagte sich bei seinen ersten legendären Mountainbike-Versuchsfahrten noch mit einem zahnlosen Eingang-Gefährt den Mount Tamalpais hinauf. Hätte nicht Shimano begonnen, Kompo-

Dual-Control nennt Shimano seine Schalt-Bremshebel-Kombination im Mountainbike-Bereich, oben die XT-, unten die XTR-Version.

nenten für Geländeräder zu entwickeln, das Mountainbike wäre kaum derart in Fahrt geraten. Erst durch Schaltgruppen mit einer großen Übersetzungsbandbreite, hoch belastbaren Tretlagern und durch die Kraft moderner Bremsen konnte sich Garys Cruiser-Umbau zum Hochleistungs-Mountainbike unserer Tage entwickeln.

Deshalb gilt Shimano heute zu Recht als Synonym für moderne Mountainbike-Komponenten. Die Shimano-Hierarchie bietet ein gutes Gerüst für die Grundorientierung, welche Komponenten man für welchen Einsatzbereich wählen sollte, da an den Schaltwerken und Umwerfern der Japaner kaum ein Weg vorbeiführt.

Stellt man die Komponenten einzeln zusammen, sollte man Sprünge über mehr als eine Komponentengruppe, also beispielsweise von Deore zu XT, vermeiden. Es kommt schließlich auch niemand auf die Idee, in einen Kleinwagen einen 300-PS-Motor einzubauen. Shimano gestaltet die Komponenten in punkto Haltbarkeit, Funktion und Leistungsfähigkeit so, dass sie innerhalb einer Baureihe optimal aufeinander abgestimmt sind. Deshalb fährt man am harmonischsten mit der Kombo aus einer Gruppenbezeichnung.

Seit 2003 gibt es fast alle Shimano-Schaltungen mit neun Ritzeln, also 27 Gängen. Ermöglicht wird dies durch eine schmälere Kette. Der richtige Spaß im Gelände beginnt bei Shimano mit der Deore. Die eine Stufe niedrigeren Teile der Alivio-Gruppe mit 24 Gängen mögen im Neuzustand vergleichbare Funktion bieten, Verschleiß und Gewicht zwingen jedoch zu wenig rentablen Kompromissen.

Die Deore-Gruppe ist der neue Standard für Mountainbikes. Seit ihrer Einführung wird sie an zahllosen Bikes verbaut und selbst in höherwertigen Kombos findet man immer wieder mal ein Deore-Teil an den Komplettbikes. Für Einsteiger der günstigste Weg, 27 Gänge mit toller Optik und guter Funktion zu erwerben. Darüber rangiert die Deore LX, bei guter Pflege schon wettkampftauglich. Bei Shimanos XT-Gruppe sollen die Gänge noch leichter und schneller flutschen, die V-Brakes wurden ab 1999 in die zweite Generation weiterentwickelt. Ob Worldcup-Rennen

oder Alpenüberquerung: Mit der XT kein Problem. Darüber liegt nur noch das Highend-Aushängeschild XTR. Beim Anblick der sil-

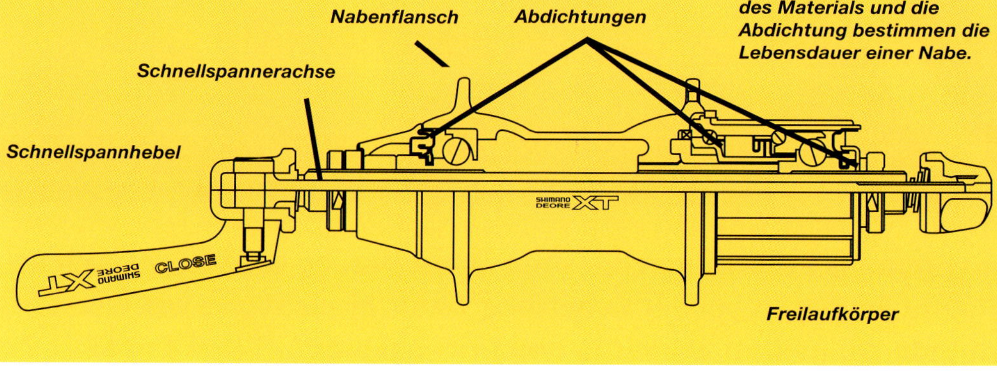

Die Qualität der Kugellager, des Materials und die Abdichtung bestimmen die Lebensdauer einer Nabe.

Bei der neuen Invers-Technik von Shimano zieht eine Feder das Schaltwerk auf die größeren Ritzel. Entspannt sich der Zug, wandert die Kette nach unten auf die kleineren Zahnräder.

SHIMANO LEXIKON

- **Dual-Control:** Bremshebel, die auch als Schalthebel dienen. 2003 eingeführt, funktionieren nur mit Invers-Schaltwerken (siehe dort).
- **Dual SIS:** Indexierte Schaltvorgänge vorne und hinten. Die Gänge rasten sowohl am Schaltwerk als auch am Umwerfer ein.
- **Hyperglide (HG):** Spezielle Gestaltung der Zähne an den Ritzeln, um schnellere Gangwechsel zu ermöglichen.
- **Interglide (IG):** Variante des Hyperglide-Systems mit weiterer Verbesserung der Schaltvorgänge.
- **Invers-Schaltwerk:** Schaltet bei Zugentlastung auf größere Ritzel, bei Spannung auf kleinere.
- **Mega 9:** Schaltsystem mit neun Ritzeln, also 27 Gängen. Benötigt eine schmälere Kette.
- **Rapidfire:** »Schnellschuss-Schaltung«. Bezeichnung für die Schalthebelkombination am Lenker für Zeigefinger und Daumen.
- **Top-Swing Umwerfer:** Umwerfer mit reduzierten Bedienkräften, dessen Schaltzug von oben (Top Pull) angeführt wird.

bergrauen Eminenz bekommen Freaks leuchtende Augen, beim hohen Preis trübt sich dann der Blick wieder. Der Komponentenmarkt gleicht dem Bild des Computerbereichs: Hier ein übermächtiger Microsoft-Gigant, dem Shimano entspricht, auf der anderen Seite SRAM quasi als Apple-Familie, die die Vormachtstellung angreift. SRAM hat sich 1998 den deutschen Traditionshersteller Sachs einverleibt und seitdem sein Programm weiter ausgebaut. So gibt es inzwischen einen Umwerfer und durch den Kauf von Truvativ sogar Kurbeln und Kettenblätter. Die SRAM-Komponenten bieten in den Top-Gruppen X.0, X.9 und X.7 ebenfalls 9-fach-Schaltkomfort und haben sich mit ihren Triggerschaltungen eine Nische aufgetan. Im Gegensatz zu den Rapidfire-Schaltern bedient man beide Trigger-Hebel mit dem Daumen.

Egal, welche Marke man bevorzugt, eine Entscheidung stellt sich jedem: Die Wahl der Schaltgriffe. Ob man lieber mit Grip Shift dreht oder mit dem Daumen drückt, mit Shimanos Rapidfire oder Dual-Control-Hebeln, ist letzten Endes Geschmacksfrage. Alle Systeme sind ausgereift und funktionell, das Dual-Control-System erfordert etwas Eingewöhnungszeit. Für den Drehgriff sprechen die etwas simplere Bedienung und die aufgeräumte Optik. Rapidfire-Drücker glänzen durch ihre harmonische Funktion. Die neue Schalt-Bremshebel-Kombination Dual-Control von Shimano, ab 2005 ab der LX-Gruppe aufwärts erhältlich, stößt nicht nur auf Begeisterung. Manche Hersteller statten deshalb sogar ihre Bikes weiterhin mit Rapidfire und »normalen« einzeln erhältlichen Bremsgriffen aus.

Invers-Schaltwerke funktionieren nur mit Invers-Hebeln, andere Kombinationen sind hier nicht möglich, sodass man sich an ein System bindet, wenn man sich einmal dafür entschieden hat.

WELCHE SYSTEME PASSEN ZUSAMMEN?

Shimano-Schaltungen arbeiten mit zwei Systemen: Einige Gruppen mit Hyperglide, andere Komponenten mit Interglide. Hier sieht man welche Systeme sich vertragen. Die Angabe »Bedingt« bedeutet, dass mit leichten Einbußen in der Schaltqualität zu rechnen ist.

	IG Kassette	IG Kettenblätter	HG Kassette	HG Kettenblätter
IG Kette	JA	JA	JA	BEDINGT
HG Kette	BEDINGT	NEIN	JA	JA

SCHALTWERK EINSTELLEN

Fast alle Schaltprobleme entstehen durch eine schlecht justierte Schaltung. Dabei ist das Einstellen relativ einfach. Wichtig sind korrekt gestellte Anschlagschrauben und vor allem die richtige Zugspannung.

1

2

3+4

5

1. Äußeren Anschlag des Schaltwerks einstellen

Damit die Kette nicht abfällt, müssen Sie den äußeren Schwenkbereich begrenzen. Schrauben Sie dazu die Schraube L (Pfeil) so lange im Uhrzeigersinn, bis das obere Schaltröllchen minimal rechts unter dem kleinsten Ritzel steht.

2. Die richtige Kettenlänge

Wichtig für einen sauberen Schaltvorgang ist die richtige Kettenlänge. Legen Sie vorne das große Blatt und hinten das kleinste Ritzel auf. Die beiden Schaltungsröllchen sollten senkrecht übereinander stehen (Linie). Verwenden Sie bei modernen Shimano-Ketten unbedingt den beigefügten langen Spezialniet, den man nach der Montage abbricht. Sonst sind steife oder aufgebogene Kettenglieder vorprogrammiert.

3. Zugspannung

Schalthebel in den kleinsten Gang stellen. Die Zugspannungsschraube (Pfeil) drehen Sie leicht heraus (gegen den Uhrzeigersinn). Achten Sie darauf, dass der Zug genau in der Führungsrille der Klemmschraube liegt. Spannen Sie ihn jetzt mit der Hand vor und ziehen Sie ihn mit einem 5er-Inbus-Schlüssel fest. Probieren Sie danach aus, ob die Schaltung funktioniert. Springt sie nicht auf das größte Ritzel, spannen Sie den Zug (Spannschraube gegen Uhrzeigersinn). Überspringt die Kette Ritzel nach oben, entspannen Sie den Zug etwas (Zugspannungsschraube im Uhrzeigersinn). Die Zugspannungsschraube an den Schalthebeln hat die gleiche Funktion.

4. Vorspannung

Mit der Vorspannschraube (am Schraubendreher) stellen Sie die Umschlingung der Kette ein. Je enger die Kette das Ritzel umschlingt, desto effektiver die Kraftübertragung. Das obere Röllchen darf aber in keinem Gang die Kassette streifen!

5. Inneren Anschlag einstellen

Die Kette darf nicht zwischen Ritzel und Speichen fallen. Begrenzen Sie mit der unteren Schraube am Schaltwerk (Pfeil) den Schwenkbereich. Der Schaltkäfig muss genau senkrecht unter dem innersten Ritzel stehen (siehe Linie).

INVERS-SCHALTWERKE

Die Invers-Schaltwerke funktionieren mit einer umgekehrten Schaltlogik. Deshalb stellen Sie die Invers-Schaltung »spiegelverkehrt« ein. Sie fangen mit der inneren Begrenzung des Schwenkbereichs an. Das Schaltröllchen darf nur minimal zu den Speichen unter dem größten Ritzel stehen. Beim äußeren Schwenkbereich muss das Schaltröllchen exakt unter dem kleinsten Ritzel stehen. Auch die Korrektur durch die Zugspannung funktioniert genau umgekehrt. Klettert die Kette nicht auf größere Ritzel: Zugspannung erniedrigen. Fällt sie schlecht oder gar nicht auf kleinere Zahnkränze, muss man die Zugspannung erhöhen (Spannungsschraube gegen den Uhrzeigersinn drehen).

WO SIND HIGH UND LOW?

Welche Anschlagschraube was bewirkt, ist leider verwirrend. Die Schrauben sind oft mit H(igh) und L(ow) gekennzeichnet. Mit dieser Tabelle weiß man, welche Schraube wo Grenzen setzt.

SCHALTWERK	L OW (leichterer Gang)	H IGH (schwerer Gang)
Shimano	Außen	Innen
SRAM	Innen	Außen
Suntour	Vordere Schraube	Hintere Schraube

UMWERFER		
Downswing	Außen	Innen
Topswing/E-Type	Innen	Außen
Suntour	Innen	Außen

UMWERFER EINSTELLEN

Beim Umwerfer kommt es auf drei Dinge an: Die Anschläge korrekt einzustellen, er muss sich auf der richtigen Höhe befinden, und sein Leitblech muss parallel zu den Kettenblättern stehen. Dann flutscht's.

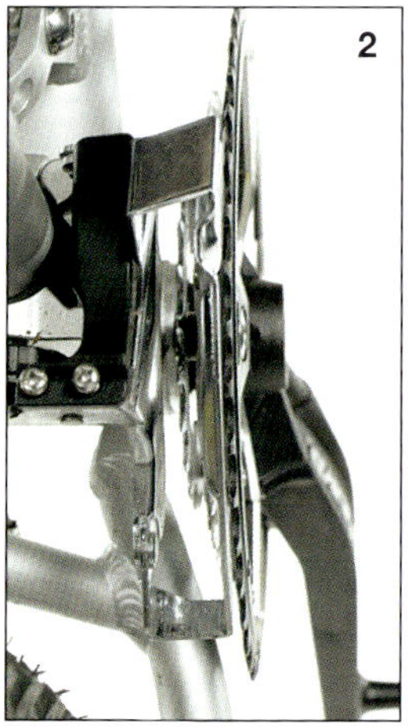

1. Die richtige Höhe
Das äußere Leitblech des Umwerfers muss etwa zwei Millimeter über dem größten Kettenblatt stehen (siehe Linien).

2. Parallel einstellen
Wenn Sie von oben durch den Umwerfer schauen, müssen beide Leitbleche exakt parallel zu den Kettenblättern ausgerichtet sein.

3. Innerer Anschlag und Zugspannung
Der innere Anschlag sorgt dafür, dass die Kette beim Runterschalten nicht aufs Tretlager fällt. Schalten Sie hinten auf das größte Ritzel. Mit der mit »L« gekennzeichneten Schraube am Umwerfer stellen Sie ihn jetzt so ein, dass die Kette gerade nicht am inneren Leitblech schleift. Der Zug braucht nur relativ wenig Spannung. Das Schalten vom kleinen auf das mittlere Blatt und zurück funktioniert im Idealfall direkt. Falls nicht, die Zugspannung verringern: Einstellschraube am Schalthebel im Uhrzeigersinn drehen.

4. Äußerer Anschlag
Schalten Sie hinten auf das kleinste Ritzel. Begrenzen Sie den äußeren Schwenkbereich mit der mit »H« gekennzeichneten Schraube. Die Kette muss gerade noch ohne Schleifen am äußeren Leitblech des Umwerfers vorbeilaufen. So wird die Kette nicht über das größte Blatt hinaus transportiert.

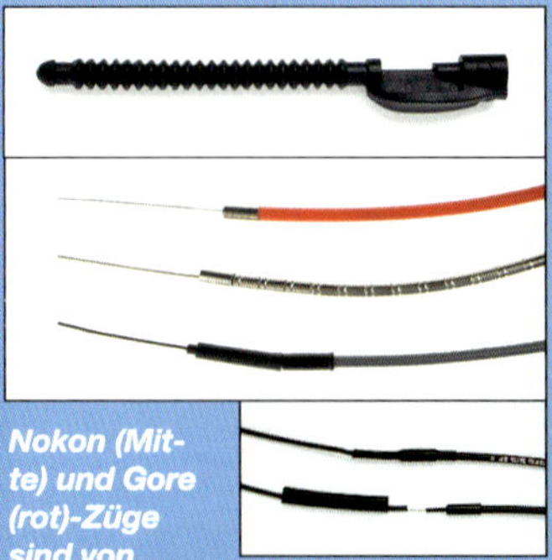

Nokon (Mitte) und Gore (rot)-Züge sind von Haus aus gut gedichtet. Shimano schützt die »XTR«-Züge mit Endkappen. Der »Nightcrawler« (ganz oben) und das »Miresistor«-System (u.) dichten Züge ab.

Mit einer alten Speiche basteln Sie sich eine Kettennietenhilfe

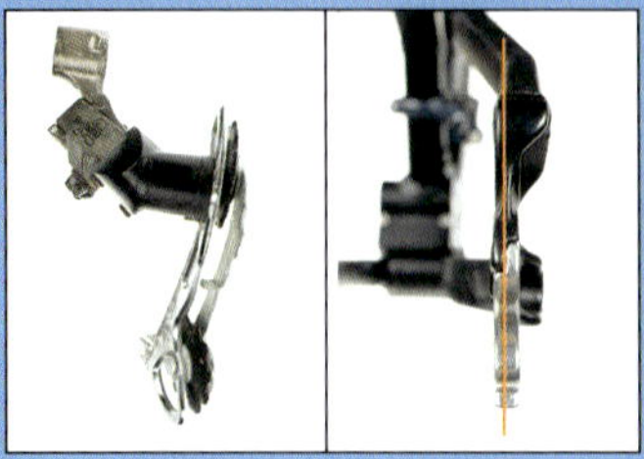

Achten Sie auf verbogene Teile. Mit einem Schaltwerk wie dem links ist jeder Einstellversuch umsonst. Auch das Schaltauge muss absolut gerade stehen (rechts), siehe dazu auch Seite 57.

TROUBLESHOOTING

Bevor Sie sich auf die Fehlersuche machen: Reinigen Sie die Schaltung penibel und verpassen Sie ihr eine neue Schmierschicht. Hilft das nicht, finden Sie hier die Lösung.

Die Kette springt und klettert nur unwillig auf das nächste Ritzel.
Die Zugspannung ist zu gering. Mit der Nachstellschraube am Shifter können Sie während der Fahrt nachspannen (gegen Uhrzeigersinn). Die Schraube am Schaltwerk hat auch Spielraum. Reicht das nicht, müssen Sie den Zug lösen und neu einstellen.

Die Kette springt unregelmäßig über das Ritzelpaket.
Es befinden sich Dreck oder kleine Ästchen in der Kassette. Entfernen Sie diese.

Sie müssen die Schaltung ständig nachstellen.
Der Zug ist nicht fest genug angeschraubt und rutscht ganz langsam durch. Schrauben Sie den Zug fest.

Die Schaltung funktioniert nur in einem Teilbereich des Ritzels gut.
Die Kassette muss mit dem Schaltwerk kompatibel sein. SRAM-Kassetten funktionieren nicht mit Shimano-Schaltwerk, da die Ritzel unterschiedliche Abstände haben. Deshalb können Sie nur ein paar Gänge sauber schalten. Benützen Sie eine zum Schaltwerk kompatible Kassette.

Die Kette rutscht durch.
Erhöhen Sie die Umschlingung der Kette (Seite 53, Punkt 4). Hilft das nicht, sind Kette oder Ritzel verschlissen. Leider gibt es noch keinen einheitlichen Messstandard für den Verschleiß. Als Faustformel gilt: Sie dürfen die Kette nicht mehr als fünf Millimeter vom Kettenblatt Richtung Vorderrad abheben können. Ansonsten die Kette tauschen. Kehrt keine Ruhe ein, muss auch ein neues Ritzel her.

Der Schalthebel ist schwergängig und die Schaltung schaltet nur unwillig nach unten.
Ein typisches Problem verdreckter oder verknickter Züge. Montieren Sie neue Züge und Hüllen. Achten Sie beim Kauf darauf, dass die Züge gegen Dreck gekapselt sind. Gehen die Hebel wieder, aber das Schaltwerk bleibt müde, ist die Schaltwerksfeder ausgeleiert. Dann müssen Sie ein neues Schaltwerk montieren.

Die Schaltung lässt sich nicht einstellen.
Sie halten sich penibel an die Einstellanweisung, aber es funktioniert nicht? Schauen Sie sich das Schaltauge an. Es muss gerade unter dem Ausfallende stehen. Falls es nur ein wenig verbogen ist, können Sie es vorsichtig zurückbiegen. Dabei das Schaltwerk unbedingt abmontieren. Gute Bike-Werkstätten haben ein Richtwerkzeug, mit dem sie das Schaltauge wieder perfekt ausrichten können.

Die Kette springt rhythmisch.
Untersuchen Sie die Kette auf steife oder verbogene Glieder. Steife Glieder können Sie mit etwas Öl und seitlichem Hin- und Herbiegen wieder gängig machen. Verbogene Schaltglieder müssen Sie austauschen. Verwenden Sie zum Vernieten unbedingt den Spezialstift des Herstellers.

Die Kette springt auf den unteren Ritzeln.
Falls die Kassette zum Schaltwek kompatibel ist, können die untersten Ritzel lose sein. Ziehen Sie die Ritzelschraube fest.

Die Kette klettert nicht auf das nächste Kettenblatt.
Die Zugspannung zum Umwerfer ist zu gering. Spannen Sie mit der Schraube am Schalthebel nach. Sonst müssen Sie den Zug lösen und mit höherer Spannung wieder anschrauben.

Die Kette schleift am Umwerfer.
Sie haben den Umwerfer richtig eingestellt, aber besonders im Wiegetritt schleift die Kette am äußeren Leitblech. Dann entsteht irgendwo im Hinterbau oder an der Kurbel Flex. Geben Sie dem Umwerfer etwas mehr Spielraum als im Workshop beschrieben.

ZÜGE UND AUSSEN-HÜLLEN WECHSELN

1
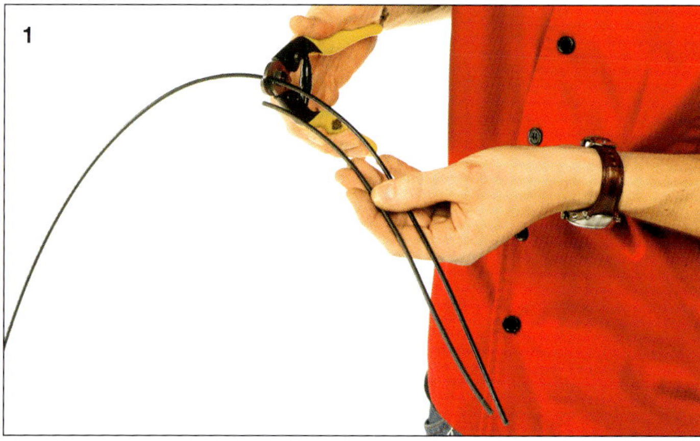

2

3

Bowdenzüge und Außenhüllen für Schaltung und Seilzugbremsen sind Verschleißmaterial und müssen von Zeit zu Zeit ausgetauscht werden. Lösen Sie zunächst die Befestigungsschrauben am Schaltwerk/Umwerfer, knipsen Sie die Abschlusshülsen ab, und ziehen Sie die alten Züge heraus. Jetzt stecken nur noch die leeren Außenhüllen in den Gegenhaltern.

1 Nehmen Sie eine nach der anderen vom Rahmen ab und kürzen Sie die neuen Außenhüllen auf die passende Länge. Benutzen Sie dafür unbedingt eine spezielle Kabelzange. Kontrollieren Sie trotzdem die Schnittstellen auf Quetschungen. Die Öffnungen mit einer Stricknadel oder ähnlichem rund machen. Auf jedes Ende der Hüllen kommt ein passendes Endstück. Fädeln Sie jetzt den neuen Zug ein, beginnend beim Schalt-/Bremshebel.

2 Um den Zug an der Schaltwerk-Klemmung vorzuspannen, hilft eine Spezialzange. Klemmen Sie nun den Zug mit der Inbusschraube am Schaltwerk fest.

3 Schützen Sie den Zug mit einer neuen Quetschkappe vor dem Ausfransen.

PROFI TIPP

Achten Sie bei Fullys auf ausreichende Länge der Außenhüllen. Zu kurze Hüllen, vor allem im Tretlagerbereich, können zu Ghostshifting (unfreiwilligem Schalten) führen.

SCHALTAUGE AUSRICHTEN

Ein kleiner seitlicher Schlag genügt, um das Schaltauge zu verbiegen. Die Schaltung lässt sich dann nicht mehr exakt einstellen.

1 Um ein verbogenes Schaltauge zu erkennen, peilt man am besten von hinten das Schaltwerk an. Der Schaltwerkkäfig muss lotrecht zu den Ritzeln nach unten stehen.

2 Profis benutzen zum Geradebiegen ein spezielles Richtwerkzeug, das anstelle des Schaltwerks ins Schaltauge geschraubt wird und sich zum Ausrichten an der Felge orientiert. Für den Hausgebrauch tut es aber auch eine Wasserrohrzange. Vorsicht: Biegen Sie mit Gefühl und in kleinen Schritten. Zu hohe Biegebelastungen verträgt das Schaltauge nicht und es bricht ab.

3 So sitzt der Schaltwerkkäfig perfekt lotrecht.

TRETLAGER, KURBELN UND KETTE MONTIEREN

Ständig ist er im Stress und wird auch noch mit Schmutz beworfen: Der Antrieb eines Mountainbikes muss hohe Belastungen aushalten. Hier erfahren Sie alles über Technik und Wartung des Tretlagers, der Kurbeln und der Kette.

Dauerstress: Eine passendere Bezeichnung gibt es nicht für das, was diese Teile am Bike aushalten müssen. Tretlager und Kurbeln arbeiten permanent und müssen brutale Belastungen wegstecken. Auf einer Fünf-Stunden-Tour dreht sich die Welle fast 20000 Mal, ständig lastet der Druck vom Treten auf Lager und Kurbeln, dazu kommt noch das Gewicht des Fahrers im Wiegetritt. Rund das Dreifache des Körpergewichts, je nach Fahrsituation, bringt ein Biker auf die Kurbel. 240 Kilogramm und mehr(!) für einen Kurbelarm wurden mit dem Megalog-System (ein Computer-System, das Belastungen während des Fahrens messen kann) festgehalten. Dies zeigt, dass man bei Kurbeln und Lager auf Qualität und Langlebigkeit achten muss.

Wie beurteilt man nun die Qualität einer Kurbel? Grundsätzlich ist dies eine Material- und Verarbeitungsfrage. Seit Jahren bewährt ist das Schmieden von Kurbeln. Mit hohem Druck werden Stahl- oder Alurohlinge in mehreren Vorgängen in die endgültige Form gepresst und nachbearbeitet. Wegen seiner hohen Festigkeit sind Aluminium-Kurbeln auf dem Markt am häufigsten. Beliebt bei Herstellern ist hier die Legierung 7075, die zum Teil wärmebehandelt wird, um die Stabilität nochmals zu erhöhen.

Das 7075er.Aluminium wird sowohl gefräst als auch geschmiedet. Wegen des harmonischeren Faserverlaufs gehen Techniker davon aus, dass geschmiedete Teile noch robuster als gefräste sind. Vor allem an der Oberfläche gewinnen geschmiedete Alukurbeln an Festigkeit. Stahl ist durch die große Erfahrung in der Verarbeitung ebenfalls ein gutes Material für Kurbeln. Durch die individuelle Verarbeitung bauen jedoch hauptsächlich Custom-Werkstätten Kurbeln in Stahl. Das Schweißen von Kurbeln (Alu und Stahl) ist noch nicht sehr verbreitet. Carbon-Kurbeln sind empfindlich und teuer und daher kaum für die große Masse geeignet.

Genauso entscheidend wie Material und Verarbeitung ist die Form der Kurbel. Nach konstruktiven Grundsätzen sollten geschlossene, großvolumige Querschnitte bevorzugt werden, weil sie am besten mit den auftretenden Belastungen zurechtkommen. Kleine flache Aussparungen sind noch zu verkraften, wenn aber an den Seitenwangen allzu viel Material weggenommen wird, opfert man Verdrehstabilität.

Wer einen komplett neuen Antrieb ans Bike schrauben möchte, muss aufs System und die Maße achten. Eine Ablösung der üblichen Dreier-Kombo vorne mit 46/36/26 Zähnen hat Shimano bereits 1996 eingeführt, als sie den so genannten Compact-Antrieb etablierten. Diese kleineren Kettenblätter mit ihren 42/32/22 Zähnen vorne sparen Gewicht und bringen etwas mehr Bodenfreiheit. Wer noch die erste Generation fährt und auf Compact umrüsten möchte, braucht dazu die entsprechenden Kurbeln und natürlich auch den Umwerfer und eine neue hintere Ritzelkassette. Die Japaner haben auch den früheren eigenen Standard mit den Modellen ab Baujahr 1997 unterwandert und bieten nun Vier-Arm- statt der damals üblichen Fünf-Arm-Lösungen an. Wer auf eine Vier-Arm-Kurbel wechselt, braucht damit natürlich auch die entsprechenden Vier-Loch-Kettenblätter. Das Octagon (acht Zähne) genannte System für die Tretlagerwelle führte Shimano nach und nach in fast alle Gruppen ein. Also muss man beim Um- oder Nachrüsten darauf achten, ob das Tretlager die »alte« Vierkant-Achse oder ein Vielzahn-System hat. Die Länge der Kurbeln ist nahezu

Von links: Ältere und einfache Tretlager haben eine Vierkantachse. Weit verbreitet sind Octalink-Wellen. Andere Hersteller besitzen zum Teil eine eigene Mehrfachverzahnung oder ebenfalls außen liegende Schalen (re).

Beim Umrüsten auf neue Kettenblätter beachten: Es gibt Vier- oder Fünf-Arm-Kurbeln. Wer sicher gehen will, misst dazu den Lochabstand der alten Kettenblätter.

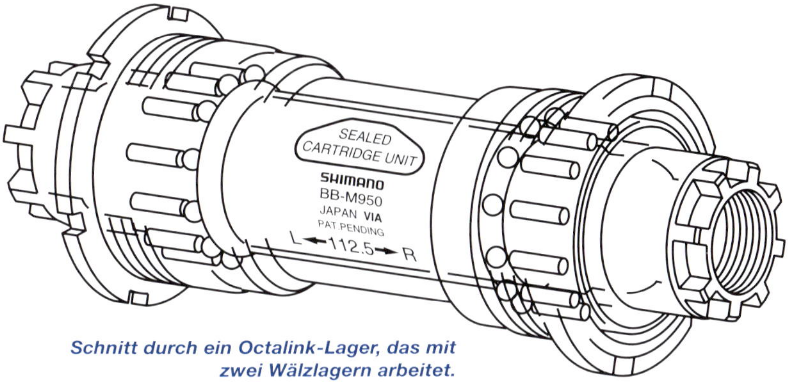

Schnitt durch ein Octalink-Lager, das mit zwei Wälzlagern arbeitet.

standardisiert: 175 Millimeter ist das Normalmaß. Biker(innen) unter 1,70 Meter Körpergröße oder Jugendliche sollten 170 Millimeter verwenden.

DAS TRETLAGER

Bei Tret- oder Innenlagern hat sich nahezu ein Standard etabliert: Die Konus-Lager mit einstellbaren Schrägkugellagern wurden verdrängt von Industrielagern, die komplett abgedichtet und lebenslang gefettet sind. Wenn diese dann noch in einem geschlossenen Gehäuse sitzen, nennt man die Einheit Patronen- oder Kompaktlager. Ihre Vorteile: Sie sind leicht zu montieren, es sind keine Einstellungs- und Wartungsarbeiten nötig und sie haben üblicherweise eine lange Lebensdauer.

Die Kompaktlager unterscheiden sich nur noch im Material der Welle (Stahl oder Titan) und in der Art, Anzahl und Sitz der Lager. Manche sind zweifach, hochwertige (und teure) auch drei- und vierfach gelagert. Die möglichen Arten sind Nadel- oder Kegelrollenlager. Ziel all dieser Bauarten ist es, die Tretlagerachse möglichst steif, mit wenig Biegung und ohne Spiel zu führen und damit die Belastung für die einzelnen Kugeln, Rollen oder Kegel möglichst gering zu halten. Denn nur diese Bauweise steigert die Haltbarkeit des gesamten Tretlagers. 2004 führte Shimano die Hollowtech-II-Lager ein, bei denen die Kettenblattkurbel fest mit der Hohlwelle verbunden ist und die Lager außen am Tretlager liegen. So soll das Lager noch steifer und besser abgestützt sein. Bei gleichzeitiger Gewichtsreduzierung ergibt dies eine besseer Kraftübertragung.

Titanwellen sind leichter, aber auch elastischer als Stahlwellen. Zudem gibt es manchmal Probleme mit dem festen Sitz der Kurbeln. Wer einfache und zuverlässige Teile an seinem Mountainbike bevorzugt und nicht auf jedes Gramm schaut, sollte zu gängigen gekapselten Modellen mit Stahlinnenleben greifen. Die Erfahrung zeigt: Kompaktlager können mit zweifacher Lagerung jahrelang problemfrei arbeiten. Neben der Anzahl der Lager ist auch die Länge

DIE KURBELMATERIALIEN

ALUMINIUM

Schon immer das Standardmaterial für Kurbeln. Neben den unterschiedlichen Verarbeitungsmöglichkeiten ist sein geringes Gewicht das entscheidende Argument für Aluminium. Billige Kurbeln werden gegossen, hochwertige Großserienteile kommen aus der Schmiede. Nach dem Schmieden bearbeitet man Pedalgewinde, Konus und Kettenblattaufnahme. Die Oberfläche wird poliert und anodisiert oder in verschiedenen Farben eloxiert, um sie vor Korrosion zu schützen. Das zweite Herstellungsverfahren ist Fräsen, meist CNC-gesteuert (Computer Numeric Control). Dieses Verfahren wenden Customhersteller bei kleineren Stückzahlen an.

STAHL

Wegen der individuellen Verarbeitungstechnik für Kurbeln setzen eher Kleinserienhersteller auf Stahl. Die Schweißkonstruktion bietet Designern durch diverse Rohrprofile viele gestalterische Möglichkeiten. Relativ dünnwandige konifizierte Rohre bringen hohe Festigkeit und geringes Gewicht optimal in Einklang. Mit soliden Schweißnähten und in hochwertigen Stahllegierungen sind Stahlkurbeln absolut Hardcore-tauglich.

CARBON

Das Wundermaterial vereint höchste Festigkeit mit geringstem Gewicht. Doch ist durch die Form von Kurbeln der Einsatz von Carbon etwas eingeschränkt. Um einen leichten Schaumkern wickelt man unterschiedlich viele Gewebelagen, die Wandstärke nimmt zum Tretlager hin zu. Damit die Kraftein- und -weiterleitung von den Pedalen zum Innenlager funktioniert, sind an den Schnittstellen Alu-Einsätze einlaminiert. Problematisch ist die Empfindlichkeit: Beim Aufsetzen auf einen Stein kann das Carbon erheblich beschädigt werden. Deswegen und durch den hohen Preis bleibt Carbon bei den Kurbeln ein Stoff für Material-Fetischisten.

HOLLOWTECH-II-TRETLAGER DEMONTIEREN

Das Shimano-Tretlager mit Hohlachse ist leichter zu demontieren als frühere, da man keinen Abzieher benötigt. Dafür aber den passenden Lager-Schlüssel.

1. Inbusschrauben öffnen

Die beiden Inbusschrauben in kleinen gleichmäßigen Schritten oder gleichzeitig lösen, um Verspannungen zu vermeiden (ebenso montieren, mit 10-15 Nm).

2. Sicherungsring entfernen

Für den Sicherungsring gibt es ein Spezialwerkzeug aus Kunststoff. Bei der späteren Montage diesen Ring nur handfest anziehen. Nun kann man die linke Kurbel einfach abziehen.

3. Kettenblattkurbel abziehen

Die Kurbel samt Kettenblätter lässt sich dann einfach per Hand auf der anderen Seite herausziehen. Eventuell leicht auf die freie Achsseite klopfen.

4. Lager herausschrauben

Nun kann man mit dem Spezialschlüssel die Lagerschalen aufschrauben. Die Richtung ist entgegen des Pfeils, auf dem »tighten« (anziehen) steht. Dazu ist mit »L« und »R« die jeweilige Seite markiert. Das Drehmoment für die spätere Montage in Richtung des Pfeils liegt zwischen 35 und 50 Nm. Die Montage erfolgt in umgekehrter Reihenfolge. Gewinde vorher fetten. Je nach Umwerfertyp und Tretlagerbreite muss man auf verschiedenen Seiten die mitgelieferten Zwischenscheiben einlegen, wie in der Shimano-Anleitung angegeben.

5. Werkzeug

Mit einem speziellen Zwischenstück (a) und einem Abzieher (b) demontiert man Kurbeln von Octalink-Lagern. Für die Schalen braucht man Schlüssel c, für die außen liegenden Integralkurbeln d.

5

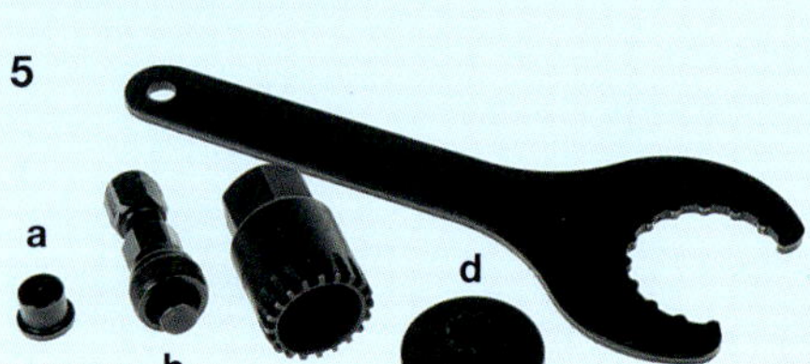

1

2

3

4

der Welle entscheidend. Je kürzer die Tretlagerwelle, desto besser verkraftet sie die Belastung. Durch Low-Profile-Kurbeln konnten die Konstrukteure kürzere Wellen einbauen. Lag der Standard früher bei 122 Millimetern, gibt es heute Wellenlängen von 107 bis 113 Millimetern. Die Länge der Welle und die Breite des gesamten Kompaktlagers (meist 68 oder 73 Millimeter) ist abhängig von der Tretlagerbreite des Rahmens und den Kettenstreben. Das Kompaktlager muss natürlich ins Tretlagergehäuse passen, und bei korrekt montierten Kurbeln sollen diese eng am Hinterbau vorbeirotieren, dürfen aber auch unter höchster Belastung nicht streifen. Viele Hersteller geben deshalb die Einbaubreite fürs Tretlager und die Kettenlinie an. Hier hilft der Fahrradhändler weiter, denn als Laie kann man die Kettenlinie nicht ausmessen. Um sicher zu gehen, nehmen Sie das alte Tretlager mit in den Shop. Zwar ist das Tretlager nicht der optimale Ort zum Gewichtstuning, aber die Unterschiede sind auch hier erheblich: Von 140 Gramm (beispielsweise vom Hersteller tune) bis 308 Gramm (Shimano Deore) reicht die Waagenbelastung.

Das Gewinde im Tretlager ist zu 90 Prozent vereinheitlicht, das BSA-System hat sich weitgehend durchgesetzt: Auf der Kettenblattseite befindet sich ein Links- und auf der Seite gegenüber ein Rechtsgewinde. Für die Kompaktlager hat sich der Shimano-Standard durchgesetzt, sodass man mit einem einzigen Tretlagerschlüssel (Kostenpunkt acht Euro) mit fast allen dieser Innenlager-Typen zu Recht kommt. Für die Montage der Hollowtech-II-Generation benötigt man zwei neue Spezialschlüssel (siehe links), die aber mit insgesamt zwölf Euro für den Heimbastler durchaus noch erschwinglich sind.

DIE KETTE ERNEUERN

1. Kette öffnen

Mit einem Kettennietdrücker die Kette öffnen. Falls sie nur gereinigt werden soll, darauf achten, dass der Niet in der Lasche stecken bleibt, sonst benötigt man einen Spezialniet (4).

2.+3. Kettenlänge

An der alten Kette orientieren oder bei der Erstmontage: Kette auf jeweils kleinstes Blatt und Ritzel legen, der Schaltkäfig sollte dann parallel zur Kette stehen. Alternativ liegt die Kette auf großem Kettenblatt und kleinstem Ritzel. Nun sollte der Schaltkäfig genau senkrecht stehen. Bei Fullys lieber ein Glied mehr im Strang lassen, da bei manchen Systemen beim Einfedern ein Kettenzug entsteht.

4. Niet in der Lasche

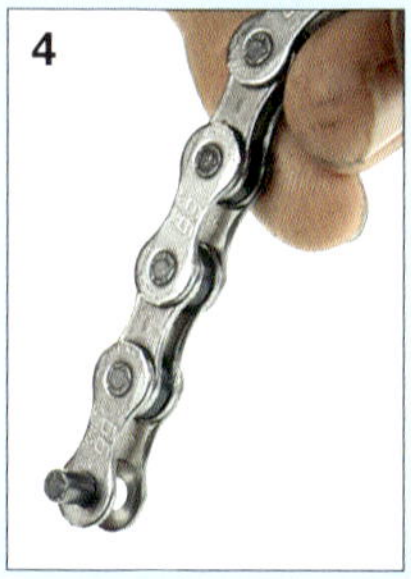

Für die Wiedermontage unbedingt den Niet in der Lasche stecken lassen. Ersatznieten sind doppelt so lang und können von außen eingesteckt und dann vernietet werden. Überstehenden Teil mit einer Kombizange abbrechen. Darauf achten, dass der Niet gleichmäßig in der Lasche steckt.

5a.+5b. Steifes Kettenglied

Oft entsteht an neu vernieteten Stellen ein steifes Kettenglied (a). Dann springt die Schaltung rhythmisch. Die Glieder links und rechts daneben zwischen Daumen und Zeigefinger nehmen (b) und die Kette kräftig seitlich hin- und herbiegen.

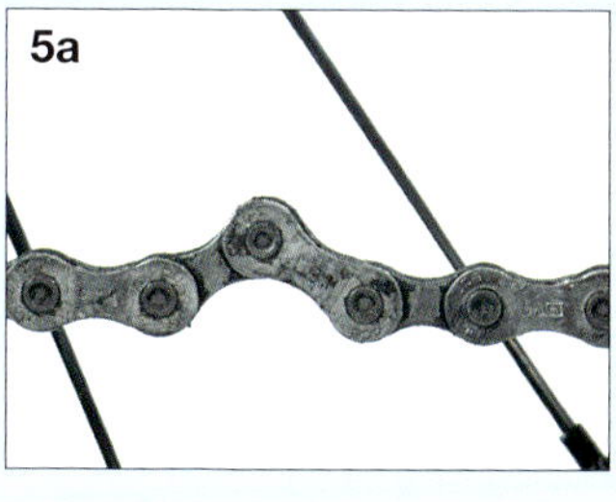

DAS OPTIMALE BREMS-SYSTEM

Bissig wie nie. Als Mountainbiker hat man die Wahl zwischen drei Bremssystemen: Neben packenden V-Brakes rangieren die bewährten Hydraulik-Stopper. Wer auf High-Tech und Sicherheit bei jedem Wetter steht, kann zur Scheibenbremse greifen.

Schon vor dem Kauf eines Bikes oder eines Rahmens sollte man sich genau überlegen, welchem Bremssystem man sein Vertrauen schenkt. Ausgereift sind Cantilever-Bremsen mit Seilzügen. V-Brakes, die inzwischen übliche Ausgabe der »Cantis«, entwickeln durch ihre längeren Arme mehr Bremskraft und stehen eng an Rahmen und Gabel. Sie benötigen eigene abgestimmte Bremsgriffe und sind in allen Komponentengruppen üblich. V-Brakes bestechen durch erschwingliche Preise, leichte Montage und ausgezeichnete Bremsleistungen. Maguras Hydraulikbremsen halten mit leichten Verbesserungen bei der Montage- und Bedienfreundlichkeit weiterhin den Spitzenplatz bei den Hydraulik-Felgenbremsen. Doch die etwa 1995 auf dem Markt auftauchenden Scheibenbremsen fürs Mountainbike werden immer ausgereifter, zuverlässiger und nun auch langsam erschwinglich. Die meisten Hersteller rüsten Rahmen und Federgabeln bereits mit Aufnahmen für die High-Tech-Discs aus, und das ist gut so. Fahrberichte und Tests haben nämlich ergeben, dass eine nachträgliche Montage von Scheibenbremsen an Gabeln und Hinterbauten selbst mit dafür vorgesehenen Adapterkits mehr als schwierig und teilweise sogar unsicher ausfällt.

Daher sind Scheibenbremsen guten Gewissens nur zu empfehlen, wenn Rahmen oder Gabel entsprechende angeschweißte Aufnahmen vorweisen. Wer also unbedingt die Scheibe am Heck seines Bikes haben möchte, muss ein entsprechendes Rahmenmodell wählen. Mittlerweile gibt es den Internationalen Standard 2000, der sich geringfügig in den Abmessungen vom vorherigen Standard unterscheidet. Lediglich die Manitou-Federgabeln besitzen Sockel für die Postmount-Montage, die vom Internationalen Standard abweichen. Einige der Bremsenhersteller, darunter beispielsweise-

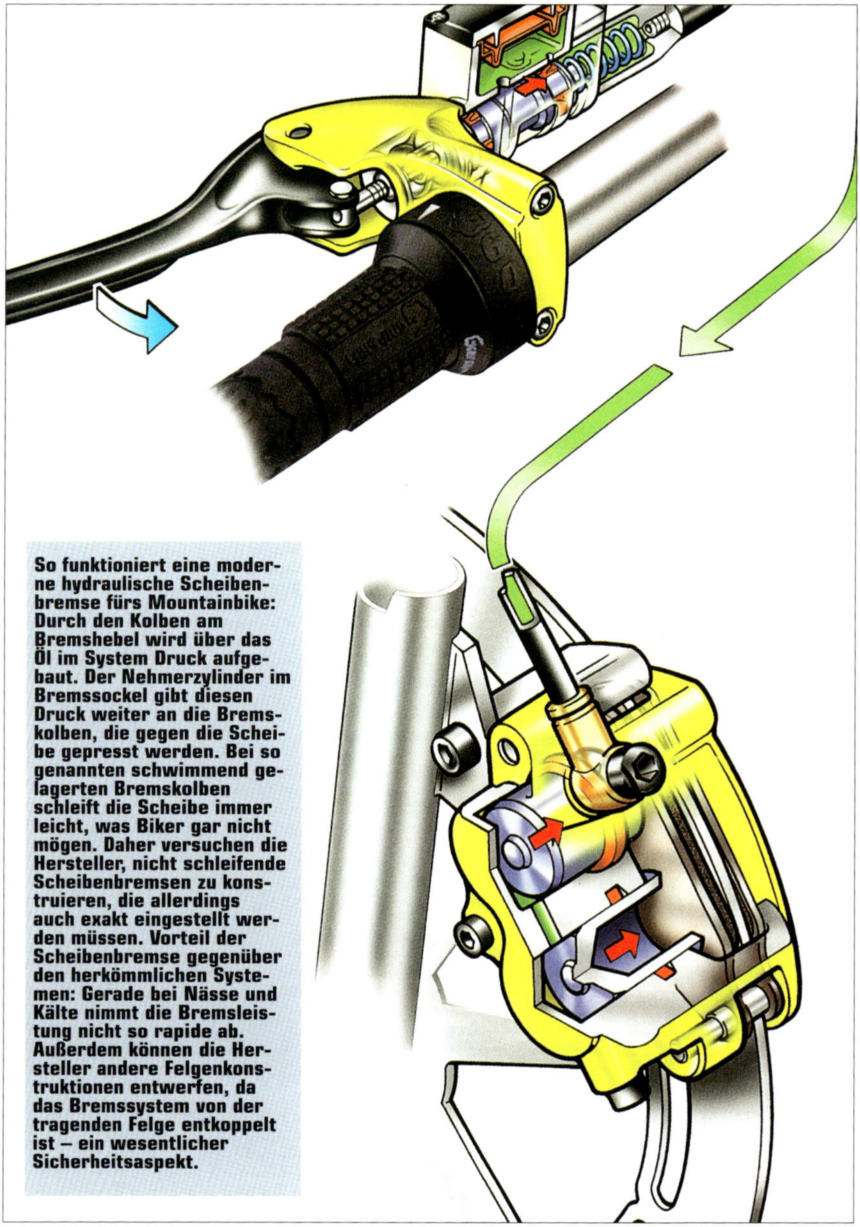

So funktioniert eine moderne hydraulische Scheibenbremse fürs Mountainbike: Durch den Kolben am Bremshebel wird über das Öl im System Druck aufgebaut. Der Nehmerzylinder im Bremssockel gibt diesen Druck weiter an die Bremskolben, die gegen die Scheibe gepresst werden. Bei so genannten schwimmend gelagerten Bremskolben schleift die Scheibe immer leicht, was Biker gar nicht mögen. Daher versuchen die Hersteller, nicht schleifende Scheibenbremsen zu konstruieren, die allerdings auch exakt eingestellt werden müssen. Vorteil der Scheibenbremse gegenüber den herkömmlichen Systemen: Gerade bei Nässe und Kälte nimmt die Bremsleistung nicht so rapide ab. Außerdem können die Hersteller andere Felgenkonstruktionen entwerfen, da das Bremssystem von der tragenden Felge entkoppelt ist – ein wesentlicher Sicherheitsaspekt.

Nicht alle Mountainbiker mögen Shimanos Dual-Control-System. Scheibenbremsen kann man auch mit Rapidfire-Hebeln oder den Triggern von SRAM kombinieren.

se Formula und Hayes, bieten ihre Modelle für Postmount an.

Alle anderen Bremssysteme arbeiten mit den gängigen Bremssockeln für Cantilever-Bremsen. Durch die Gestaltung der Bowdenzüge bei den V-Brakes gibt es auch keine Probleme mehr mit dem hinteren Bremszug-Gegenhalter, zum Beispiel an Fullsuspension-Rahmen. Schwieriger ist schon die Kombination der Bremsarme mit den richtigen Bremsgriffen. Hier tummeln sich jede Menge Hersteller, doch nicht alle möglichen Zusammenstellungen arbeiten auch wirklich optimal miteinander. Auf Nummer sicher geht, wer Kombis eines Herstellers anbaut, vor allem beim Branchenriesen und Marktführer Shimano. Dessen Modelle, vor allem im oberen Preisbereich wie Shimano Deore XT oder gar XTR, packen als V-Brake-Kombi dermaßen giftig manche Felge, dass man Einsteigern und Gelegenheitsbikern fast davon abraten muss, weil die V-Brakes zu gut sind. Doch die unteren Modelle, vor allem die Deore-V-Brake, ist eine gute Mischung aus althergebrachten Cantis und V-Bauweise: hohe Bremskräfte bei niedrigen Handkräften und noch gut dosierbar.

Andere Bremstypen vereinen die Vorzüge der Hydraulik (Züge stauchen nicht) mit den Kräften der V-Brake. Ausgereift, zuverlässig und wartungsarm heißen die Pluspunkte der Magura-Stopper aus Bad Urach. Die Bremsklötze lassen sich leicht wechseln, und man erhält verschiedene Beläge, um für unterschiedliche Felgen und Wetter-Bedingungen noch mehr Leistung herauszukitzeln.

Beide Bremssysteme haben einen Nachteil: Sie verursachen Felgenverschleiß, der im schlimmsten Fall zu Rissen oder gar einem Bruch in den Felgenwänden führen kann. Und die Felgen sind, wie bei jedem Fahrzeug, tragende Teile. Ein Defekt wie ein Bruch kann fatale Folgen für den Fahrer haben. Deshalb sollte man, vor allem bei einer Kombination von aggressiven Felgenbremsen mit Leichtbaufelgen, immer wieder die Felgenflanken inspizieren.

Diesen Effekt vermeiden Scheibenbremsen, da hier nur die Disc verschleißen kann. Wie bei den großen Brüdern aus dem Motorrad- und Autobereich funktionieren die Topmodelle mit Vollhydraulik. Preislich günstig sind mechani-

Bremsscheiben passen nur an dafür gebaute Naben. Zu unterscheiden sind dabei die weit verbreitete Sechs-Loch-Befestigung mit Torx-Schrauben und Shimanos neues Centerlock-System, das ab 2004 eingeführt wurde.

Bei Dual-Control bilden Schalt- und Bremshebel eine Einheit, erhältlich für V-Brakes und für hydraulische Scheibenbremsen.

sche Scheibenbremsen, die den einfachen Seilzug mit der Bremskraft der Disc verbinden. Optimal und Stand der Technik sind jedoch geschlossene Systeme mit (oder ohne) Ausgleichsbehälter, die ein Nachstellen der Bremse nahezu überflüssig machen – ein Vorzug der Discs. Auch das nervige Schleifen und Rubbeln der Bremsbeläge an der Scheibe bekommen die Hersteller immer besser in den Griff, sodass sich die Scheibenstopper auch an Cross-Country-Bikes immer stärker durchgesetzt haben. Einziger Nachteil: Sie sind meist noch etwas zu schwer. Inzwischen gibt es Scheibenbremsmodelle, die mit ihren rund 360 Gramm auch Gewichtsfanatiker

Wurde schnell zum Klassiker: Die XT-Scheibenbremse von Shimano, bei der häufig auftretende Quietschgeräusche bemängelt werden.

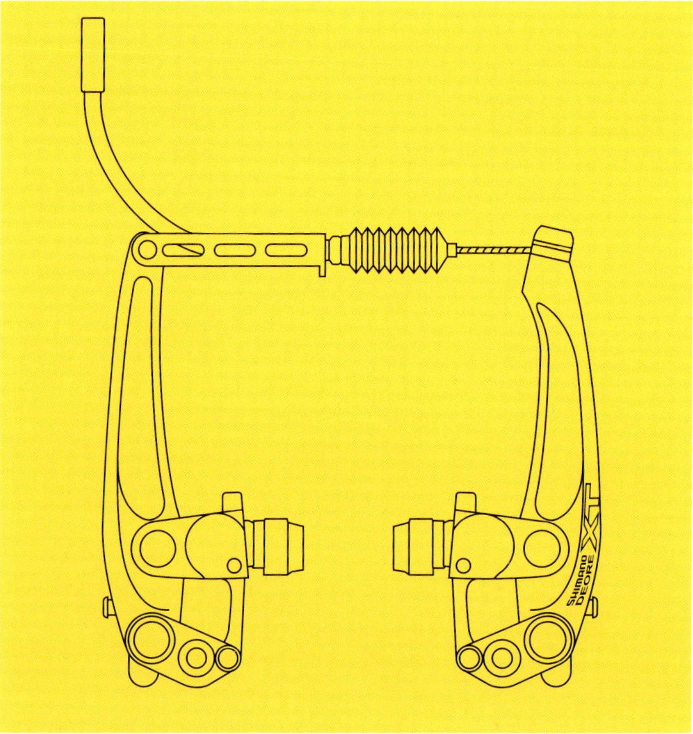

Wegen ihres Konstruktionsprinzips sind V-Brakes so bissig: Lange Bremsschenkel drücken die Klötze mit hoher Kraft gegen die Felgenflanken. Durch die mehrfache Lagerung nehmen die Bremsklötze bei richtiger Einstellung der Bremsschenkel die Felge exakt parallel in die Zange.

Leicht und klein gehalten, ist diese Hope-Scheibenbremse hauptsächlich für den Cross-Country-Einsatz gebaut und vorgesehen.

zufrieden stellen können. Freerider und Downhiller schwören auf diese Scheibenbremsen und verstärken die Bremskraft oft mit größeren Bremsscheiben mit bis zu 203 Millimetern, die sich mit Adaptern anbauen lassen.

Ansonsten gilt: Bewährt und an allen Rahmen montierbar sind Felgenbremsen, sowohl hydraulisch wie seilzugbetätigt. Und wer mit der Wirkung seiner Felgenbremse nicht zufrieden ist, kann alle Tuningmaßnahmen ausschöpfen: Optimale Bremsklotz-Felgen-Kombination (eventuell zur Felge mit Keramikbeschichtung greifen), Brake-Booster montieren oder spezielle Bremszüge einbauen, welche die Handkräfte am Hebel reduzieren. Bei Matsch und Regen haben Scheibenbremsen klare Vorteile, bei langen Abfahrten benötigen sie weniger Handkraft. Dafür muss man sicherstellen, sie nicht heiß zu bremsen, denn es gab und gibt Probleme mit schmelzenden Leitungen und Scheibenbremsen, die fest gehen können. Gegen die Schleifprobleme gibt es Tipps auf den folgenden Seiten.

Um Probleme und Risiken zu vermeiden, sollte man nur zulässige Hebel, Bremszylinder und Scheiben am Bike kombinieren.

BREMSSYSTEME IM VERGLEICH

BREMSSYSTEME	V-BRAKES	HYDRAULIKBREMSEN	SCHEIBENBREMSEN
VORTEILE	• hohe Bremskräfte • geringe Handkräfte • einstellbarer Druckpunkt • relativ gut dosierbar • Tuning-Bremsbeläge erhältlich	• hohe Bremskäfte • gute Dosierbarkeit • einfach einzustellen • verschiedene Bremsbeläge • wartungsarm • zuverlässig	• sehr gute Verzögerungswerte • geringe Handkräfte • je nach Modell gut dosierbar • kein Felgenverschleiß • wartungsarm • Bremsbeläge leicht zu wechseln
NACHTEILE	• je nach Bremshebel und Übersetzung sehr giftig • bei Umrüstung immer auch spezieller Hebel erforderlich • hoher Felgenverschleiß • teils starkes Quietschen	• Druckpunkt nicht optimal fühlbar (schlecht für Einsteiger) • Erstmontage relativ aufwändig • relativ teuer • Reparaturen aufwändig • höheres Gewicht	• Oft hoher Belagverschleiß • teure Bremsbeläge • höheres Gewicht • teuer • nicht für jedes Modell passend • Nachrüsten sehr aufwändig und schwierig • Reparatur und Entlüften aufwändig

BREMSEN MONTIEREN UND EINSTELLEN

Scheibenbremsen kann man selbst montieren und justieren. Dabei muss man allerdings genau auf die Einbaumaße, die passenden Bremssockel und kompatible Naben achten. Die Einstellung von V-Brakes gelingt normalerweise in wenigen Minuten.

SCHEIBENBREMSEN EINSTELLEN

Ein Vorteil moderner Scheibenbremsen: Man braucht sie nicht einzustellen. Allerdings müssen sie von Beginn an gut justiert sein, um das nervige Schleifen und Rubbeln zu vermeiden. So funktioniert's.

1

Scheibenbremsen nachzurüsten und zu justieren, ist kein Hexenwerk. Man kann sie durchaus selbst montieren, vorausgesetzt alle Maße stimmen und man verwendet ausschließlich die vom Hersteller vorgesehenen Schrauben und Teile. Wichtigstes Maß: Lochabstand des Bremssockels und der Abstand vom Ausfallende zur Scheibe. Veraltet ist der so genannte Standard 1999, aktuell der Internationale Standard oder Standard 2000.
Bei beiden beträgt der Lochabstand der Bremssockel 51 Millimeter. Beim alten 99er-Standard beträgt der Abstand von der Innenseite des Ausfallendes zur Scheibe 13 Millimeter (Vorderrad) und 16 Millimeter (Hinterrad). Beim Standard 2000: VR 10,4 Millimeter/HR 15,3 Millimeter. Bremsscheiben werden mit Torx-Schrauben und Sicherung mittelfest (blau) an der Nabe befestigt oder mit Shimanos Centerlock-System, wofür man kompatible Naben benötigt. Die Laufrichtung gibt ein Pfeil auf der Scheibe an.
Die Sockel montiert man mit ganz normalen Inbusschrauben, die allerdings die richtige Länge aufweisen müssen und ebenfalls gesichert werden sollten. Ansonsten auch häufiger deren festen Sitz überprüfen.
Nach der Sockelmontage darauf achten, dass das Laufrad jeweils sauber in den Ausfallenden sitzt. Schleift die Scheibe, geht's ans Justieren. Hier ist Augenmaß gefordert.

1. Ziel ist es, die Bremsbeläge exakt parallel zur Scheibe zu justieren. Peilen Sie dazu von hinten zwischen die Zange wie ein Jäger über Kimme und Korn. Zwischen Bremsbelägen und Scheibe muss beidseitig ein kleiner Spalt zu sehen sein. Berührt die Scheibe an einer Seite die Beläge, müssen Sie den Bremssattel neu ausrichten.

2. Probates Mittel dazu sind hauchdünne Unterlegscheiben, die in unterschiedlichen Stärken

im Lieferumfang mancher Bremse enthalten sind (ansonsten im Fachhandel). Legen Sie so viele Scheibchen wie nötig unter, um die Bremse optimal auszurichten. Verlassen Sie sich nicht darauf, dass die Scheibenbremsaufnahme des Rahmens oder der Gabel genau parallel zur Bremse steht. Ein paar Zehntelmillimeter Ungenauigkeit können dazu führen, dass Sie die vordere und hintere Aufnahme mit unterschiedlich vielen Scheiben unterfüttern müssen. Profis verlegen auch den Schnellspannhebel auf die gegenüberliegende Achsseite. Wenn alle Maßnahmen nicht helfen, muss die Aufnahme plan gefräst werden (siehe nächste Seite). Tipp: Kontrollieren Sie dabei die Schraubenlänge für die Bremssattelbefestigung. Sind die Schrauben zu kurz, kann der Sattel bei den starken entstehenden Bremskräften abreißen.

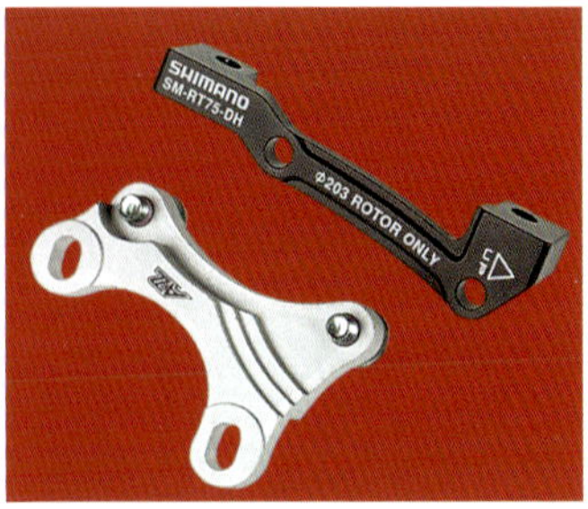

Achten Sie auf den korrekten Adapter beim Anbau einer Scheibenbremse. Für größere Discs (180 oder 203 Millimeter) benötigt man spezielle Sockel des Herstellers.

POSTMOUNT-SATTEL EINSTELLEN

Für die Besitzer von Bremsen mit Langlochbefestigung und Adapter (wie Hayes, Shimano und andere Modellen) funktioniert die Sattel-Justage deutlich einfacher. Denn deren so genannte Postmount-Befestigung erlaubt Korrekturen. Zwischen Bremse und Rahmen oder Gabel sitzt der Adapter (außer bei Manitou-Gabeln). Die Justage funktioniert denkbar einfach: Lösen Sie die beiden Schrauben für den Bremssattel so weit, dass dieser sich bewegen kann. Ziehen Sie jetzt den Bremshebel der entsprechenden Bremse. Dank der Langloch-Befestigung richtet sich damit die Bremse selbst mittig an der Scheibe aus. Halten Sie den Bremshebel weiter fest und ziehen Sie gleichzeitig die Bremskörperschrauben wieder an. Jetzt sollte die Scheibe schleiffrei zwischen den Belägen rotieren.

PROFI TIPP

Bei Postmount-Befestigungen: Wenn sich der Bremssattel beim Festziehen verdreht, hilft eine zweite Unterlegscheibe unter dem Schraubenkopf.

SCHEIBENBREMSBELÄGE WECHSELN

Tun Sie's, bevor es zu spät ist: Die meisten Disc-Defekte lassen sich auf Fahren mit verschlissenen Belägen zurückführen. Ob die Beläge runter sind, lässt sich im Nu checken: Einfach von oben drauf schauen. Wenn nur noch eine hauchdünne Schicht vorhanden ist, wird's höchste Zeit für den Wechsel. Neu auftretende ständige Reibgeräusche sind ebenfalls ein verdächtiges Zeichen. Wenn ein metallisches Kratzen zu hören ist, gibt es zwei Möglichkeiten: Entweder steckt ein Fremdkörper zwischen Scheibe und Kolben, der sofort entfernt werden muss, oder die Feder zwischen den Belägen schleift, weil die Beläge komplett runter sind. Dann sofort die Beläge wechseln, sonst kann die Scheibe beschädigt werden.

Sicherungsschraube oder Splint entfernen und Bremsbeläge nach oben herausnehmen. Bei manchen Modellen das Laufrad ausbauen und die Beläge nach unten herausdrücken.

1. Bei den Shimano-Bremsen XTR, XT und Saint hält ein Schraubbolzen mit Sicherung die Beläge. Einfach Sicherungssplint entfernen und Bolzen rausschrauben. Jetzt können Sie die Beläge nach oben herausnehmen. Bei Shimano Hone, LX und Deore sowie bei Magura und anderen sind es Splinte, die man mit der Zange aufbiegt und dann herauszieht.

2. Das Einsetzen der Beläge funktioniert nach dem umgekehrten Prinzip. Dabei nie die Belagflächen anfassen! Bei Bremssockeln mit Splintsicherung neue Splinte verwenden oder den alten vor dem Einbau prüfen.

Achten Sie beim Einsetzen der Beläge auf fettfreie Hände. Kontakt mit Schmiermitteln vermeiden, sonst droht Quietschen.

TIPPS & TRICKS

- Hydraulische Scheibenbremsen arbeiten mit zwei unterschiedlichen Flüssigkeiten: Bremsflüssigkeit (DOT) oder Hydraulik- bzw. Mineralöl. Sie dürfen weder gemischt, noch dürfen für Öl ausgelegte Bremsen mit Bremsflüssigkeit betrieben werden (und umgekehrt)! Bei Arbeiten an der Bremsanlage daher immer sicherstellen, mit welcher Art von Flüssigkeit die jeweilige Bremse betrieben wird. Viele Hersteller bieten eigene Öle für ihre Produkte an.
Bremsflüssigkeit sollte allerspätestens nach zwei Jahren ausgetauscht werden, da sie Wasser zieht!
- Nie eine Scheibenbremse bei ausgebautem Laufrad betätigen! Das Laufrad lässt sich sonst nicht mehr einbauen. Die Beläge müssen dann vorsichtig wieder auseinander gedrückt werden.

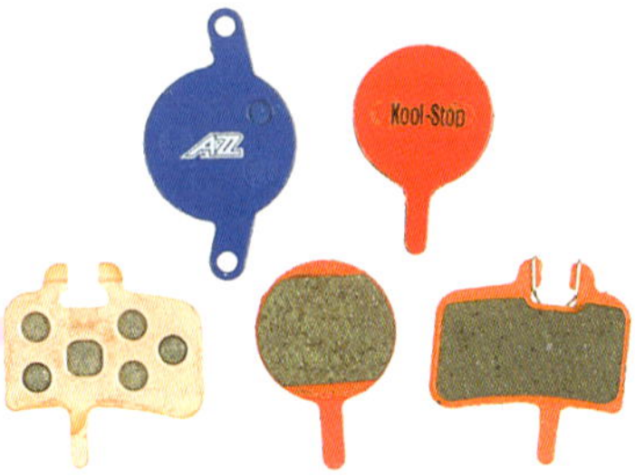

Wer Quietschen und Rubbeln nicht eliminieren kann, muss leider ausprobieren – nämlich Beläge von anderen Herstellern. Dabei unbedingt auf die angegebene Kompatibilität zur eigenen Disc achten!

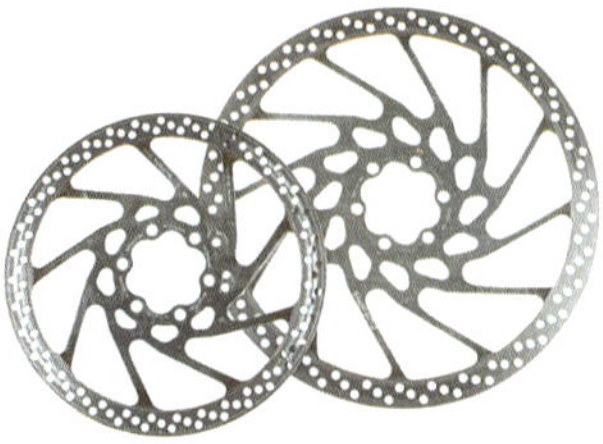

Hohes Gewicht und Geschwindigkeit verlangen mehr Bremspower: Größere Scheiben montieren!

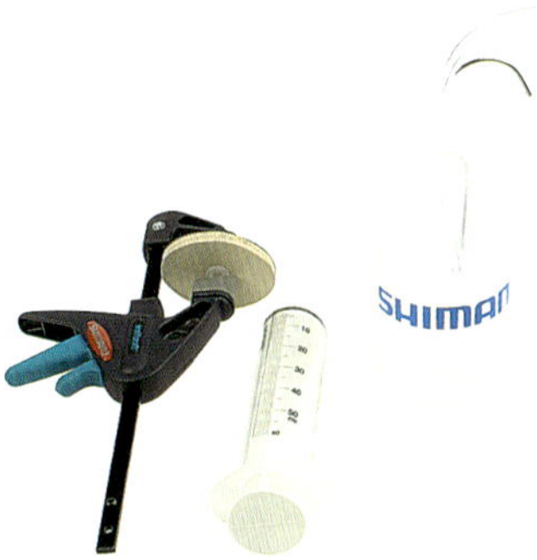

Beim Entlüften helfen spezielle Sets mit Kunststoffflaschen, Schläuchen und Spritzen. Billiger sind Teile aus der Apotheke.

Optisch etwas schöner als die obligatorischen Kabelbinder: Spezielle Rahmenhalter für die dickeren Hydraulikleitungen.

PROFIARBEIT

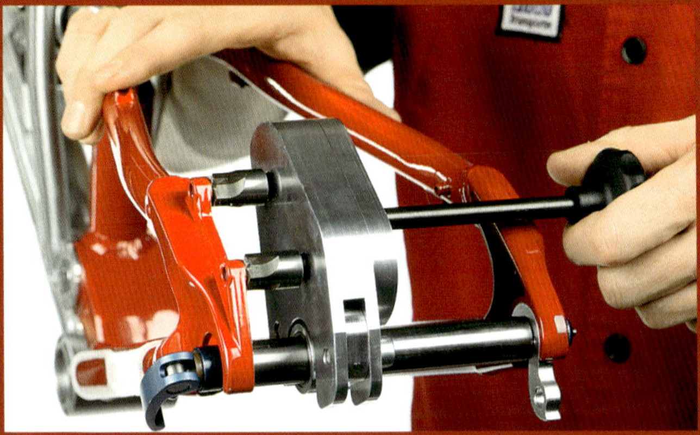

Scheibenbremsaufnahmen plan fräsen

Diese Arbeit wird erforderlich, wenn sich durch ungenau gefertigte Rahmen oder Lacknasen die Bremse nicht justieren lässt. Mit speziellen Fräsen werden die Aufnahmen so nachbearbeitet, dass sie genau parallel zur Achse liegen. Der Arbeitsgang ist kein Hexenwerk, erfordert jedoch teures Spezialwerkzeug. Eine Feile oder Schleifpapier haben hier nichts zu suchen.

Entlüften Schlechte Bremsleistung, schwammiger Druckpunkt – das hat meist nur eine Ursache: Luft im System. Bremsen entlüften erfordert ein Entlüftungskit und ist je nach Bremsenmodell für versierte Schrauber machbar. Checken Sie am besten die Homepage des Herstellers.

FELGENBREMSEN

Quietschen, Kreischen, Schleifen – Phänomene, die nicht erst seit der Scheibenbremsen-Ära nerven. Auch Felgenbremsen hatten schon immer diese Unarten. Hier die besten Tricks zur Abhilfe.

BELÄGE EINSTELLEN

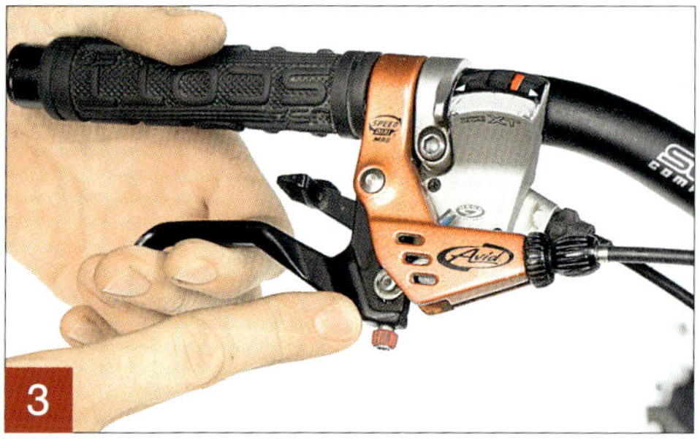

1. Hier sehen Sie die ideale Position einer Felgenbremse. Die Schenkel dieser Avid-V-Brake stehen gleich weit entfernt von den Felgenflanken, die Beläge sind leicht keilförmig in Fahrtrichtung zur Felge ausgerichtet. Grund: Die Pads sollen beim Bremsen durch die Rotation des Laufrades satt an die Felge gezogen werden. Ansonsten droht Rubbeln und Quietschen. Demontieren Sie zum Einstellen der Bremsen am besten den Reifen. Nur so können Sie die Position exakt von oben peilen. Den Belag justieren Sie in der Regel mit dem 5er-Inbus: Aufschrauben, ausrichten, festziehen. Achten Sie peinlich genau darauf, dass die Beläge von der Seite gesehen parallel zur Felge laufen und nicht asymmetrisch oben überstehen, sonst könnten sie den Reifen aufschlitzen.

2. Stellen Sie jetzt die Federspannung ein (meist mit Kreuzschraubendreher). Mehr Spannung erhöht die Rückstellkraft der Bremse, aber auch die Handkraft am Bremshebel. Besonders wichtig: Tarieren Sie die Federspannung auf beiden Seiten so aus, dass die Bremsbacken beim Lösen des Bremshebels gleichmäßig zurückstellen.

3. Hochwertige Bremshebel besitzen eine Einstellung für das Hebelverhältnis. Je nach Einstellung wird der Druckpunkt härter oder weicher. Die Bremspower wird im gleichen Maße niedriger oder höher. Hier entscheidet der persönliche Geschmack.

PROFI TIPP

Die Linearfedern der V-Brakes leiern schnell aus. Der Einstellbereich wird zu klein. Aushängen und Aufbiegen – das gibt den Federn neue Spannkraft.

TROUBLESHOOTING BREMSEN

PROBLEM	URSACHE	LÖSUNG
Scheibenbremse quietscht trotz optimaler Einstellung	1. Öl oder Fett auf Scheibe oder Bremsbelägen 2. Vibrationen im System 3. Nässe oder Schmutz	1. Scheibe mit Bremsenreiniger oder Alkohol reinigen. Bremsbeläge austauschen. Wenn möglich, unterschiedliche Bremsbeläge ausprobieren. 2. Vibrationen treten oft bei Leichtbaukomponenten auf (Laufräder, Federgabel). Hier hilft nur austauschen. Speichenspannung der Laufräder kontrollieren. Lockere Speichen können zu Geräuschen führen. Schnellspanner auf gegenüberliegende Seite des Bremskolbens montieren. Darauf achten, dass die Achse sauber und zentriert in den Ausfallenden sitzt. 3. Disc trocken bremsen. Scheibe reinigen. Fast alle Discs quietschen bei Nässe.
Felgenbremse quietscht	1. Öl oder Fett auf Felgenflanke oder auf den Belägen 2. Bremse falsch eingestellt 3. Belag passt nicht zur Felge	1. Felgenflanke mit Bremsenreiniger oder Aceton reinigen. Beläge reinigen oder mit feinem Schleifpapier anschleifen. 2. Bremse korrekt justieren (siehe links). 3. Anderen Bremsbelag ausprobieren.
Scheibenbremse schleift. Achtung: Leichtes Schleifen ist bei Scheibenbremsen normal (besonders bei großen Scheibendurchmessern).	Bei starkem Schleifen: 1. Bremszylinder falsch justiert 2. Scheibe verbogen 3. Bremskolben stellen nicht zurück	1. Bremse neu justieren. Wenn das nichts hilft: Scheibenbremsaufnahmen nachfräsen. 2. Bremsscheibe wechseln. 3. Bei Kolbenklemmern: Bremse muss zum Service.
Schwammiger Druckpunkt bei Scheibenbremse	1. Luft im System 2. Ölaustritt durch beschädigte Leitung	1. Scheibenbremse entlüften (lassen). 2. Ölaustritt lokalisieren, defekte Leitungen austauschen, Bremse neu befüllen und entlüften.
Nachlassende Bremsleistung bei Scheibenbremse	1. Öl oder Fett auf Scheibe oder Bremsbelägen 2. Bremsbeläge verglast 3. Ölaustritt durch beschädigte Leitung	1. Siehe oben (Scheibenbremse quietscht). 2. Bremsbeläge austauschen. 3. Ölaustritt lokalisieren, defekte Leitungen austauschen, Bremse neu befüllen und entlüften.
Scheibenbremse macht kratzende Geräusche, Bremsleistung lässt nach. Achtung: Nicht mehr weiterfahren!	Bremsbeläge sind verschlissen, Sie bremsen auf Metall. Unbedingt auch die Scheibe auf Kratzer kontrollieren.	Bremsbeläge tauschen. Eventuell ist auch die Scheibe beschädigt. In diesem Fall auch Scheibe erneuern.
Schwammiger Druckpunkt bei Felgenbremse	1. Ungünstiges Hebelverhältnis am Bremshebel 2. Bremsbeläge falsch justiert 3. Bowdenzüge verbiegen sich (minderwertige Hüllen) 4. Cantisockel biegen sich beim Bremsen auf	1. Hebelverhältnis mit Einstellschraube verändern. 2. Beläge neu justieren. 3. Außenhüllen und Züge durch stabilere (z. B. Nokon) ersetzen. 4. Brake-Booster nachrüsten.

STEUERSATZ: MONTAGE UND EINSTELLUNG

Fast unsichtbar verrichtet er seine Arbeit: der Steuersatz zwischen Gabel und Vorbau. Er fällt erst auf, wenn er nicht mehr funktioniert. Wie wartet man ihn am besten und worauf muss man beim Neukauf achten?

Ausgeschlagene Lenkungslager sind bei modernen Autos und Motorrädern schon seit Jahren kein Thema mehr. Moderne Lagertechnologien und belastungsgerechte Dimensionierung der Bauteile garantieren eine zuverlässige präzise Steuerung. Und auch beim Steuersatz für Mountainbikes, dem Dreh- und Angelpunkt der Lenkung, zeigt sich ein Silberstreif am Horizont. Den Griff zum richtigen Modell vorausgesetzt, sind die Tage gezählt, an denen man schon nach der ersten harten Abfahrt mitten in der Botanik schimpfend mit dem Werkzeug hantieren musste. Nerviges Klappern und der berüchtigte »Selbstlockerungs-Mechanismus« sollten eigentlich längst Vergangenheit sein.

Doch beim Griff ins schier unüberschaubare Angebot an Steuersätzen angelt man sich nach wie vor nicht nur Sahnestückchen. Die Fahrt mit dem Citybike zum Brötchenholen stellt mit Sicherheit noch keine große Herausforderung an den Steuersatz dar. Ein extremer Downhill und gewaltig zupackende Scheibenbremsen bringen dagegen eine Tonne Druck aufs Unterrohr. Und den muss eine Hand voll kleiner Kugeln übertragen – eine Belastung wie unterm Dampfhammer. Die althergebrachten Konuskugellager sind damit überfordert: Sie sind zu unpräzise und meist aus minderwertigem Material gefertigt. Dies haben die meisten Komponentenhersteller erkannt und setzen inzwischen auf eine zeitgemäße und hochwertige Lagertechnologie.

Wichtigstes Prüfkriterium bildet deshalb die Qualität der Lagerung. Spielfrei und leichtgängig muss sie Stöße aus allen Richtungen aufnehmen. Für diese Belastungen kommen nur die so genannten Axial-Radial-Lagereinheiten infrage. Diese gibt es entweder als DIN-Normteile, oder die Steuersatzhersteller fertigen sie speziell an. Dabei bilden die Lagerbahnen und Wälzkörper eine vom Steuersatz unabhängige Einheit. Die wird im Gegensatz zu den Konuslagern, bei denen die Lagerbahn zugleich Bestandteil der Steuersatzschale ist, aus extrem hartem und verschleißfestem Stahl gefertigt. Bei zu weichen Lagerbahnen drücken sich nämlich die Lagerkugeln ins Metall ein wie ein Pfennigabsatz ins Parkett. Und noch einen Vorteil hat dieses System: Bei einem Lagerdefekt muss nicht gleich der ganze Steuersatz in den Müll. Gerade die DIN-konformen Lager lassen sich auch Jahre später in jedem Eisenwarenladen beschaffen. Bei den Spezialanfertigungen ist das schon schwieriger. Nicht jeder Steuersatzhersteller liefert entsprechende Ersatzteile. Vielfahrer sollten sich unbedingt nach der Ersatzteilversorgung erkundigen.

Neben einer soliden Lagerung

AXIAL-RADIAL-LAGER

DIN-NORMLAGER: Industriestandard für Steuersätze. Die gekapselten Lagereinheiten erfüllen alle Ansprüche an eine hochwertige Lagerung. Eingepresst in die Lagerschalen verdauen sie fast alles. Durch hochwertige Dichtungen sind sie schmutzresistent und nahezu wartungsfrei.

SHIMANO-CARTRIDGE: Weiterentwicklung der üblichen Konuslagerung. Ähnlich den Normlagern werden die Lagerbahnen und der Kugelring zu einer Einheit zusammengefasst. Wegen der etwas schlechteren Abdichtung und den ungeschliffenen Lagerbahnen nicht ganz so gut.

KONUS-KUGELLAGER: Billig in der Herstellung. Der Kugelring läuft direkt auf Konus und Schale. Große Toleranzen und schlechte Dichtungen verkürzen die Lebenserwartung dieses weit verbreiteten Lagertyps.

Der Steuersatz besteht aus den Lagerschalen, dazu Spannkralle (hier auf der Deckelschraube).

SPANNKRALLEN

Spannkrallen werden im Gabelschaft montiert. Sie dienen als Anker, um den Steuersatz vorzuspannen. Der gebräuchlichste Typ ist die Blechkralle. Etwas problematisch beim Einbau, sitzt sie später dann bombenfest. Leichter zu montieren und wieder zu entfernen sind so genannte Gummikrallen. Edel und teuer sind Spannelemente aus Aluminium. Dafür sind bei dieser Ausführung ein sicherer Sitz und die leichte Montage und Demontage garantiert.

Haltbare Steuersätze sollten über gedichtete Industrielager verfügen.

STEUERSATZ-MASSE

	1 Zoll	$1^1/_8$ Zoll	$1^1/_4$ Zoll
Gabelschaft	25,4 mm Ø	28,6 mm Ø	31,8 mm Ø
Gabelkonus (JIS)	26,4 (27,0) mm Ø	30,0 mm Ø	33,0 mm Ø
Lagerschalen	30,2 mm Ø	34,2 mm Ø	37,0 mm Ø
Gabels.-Innen (Alu)	22,2 (19,0) mm Ø	25,4 (24,9) mm Ø	28,6 mm Ø

hängt die Lebensdauer eines Steuersatzes entscheidend von seiner Dichtung ab. Denn feinste Sand- und Schmutzpartikel sind Gift für die Lager. Sie reiben wie Schmirgelpapier. Alle DIN-Lager sind deshalb mit einer sehr wirkungsvollen Abdichtung erhältlich. Im Lager integrierte Gummidichtlippen sorgen für einen dauerhaften Schutz der Lebensdauer-Fettfüllung. Steuersätze mit einfachen Schleifdichtungen aus Kunststoff oder mit Abdeckscheiben müssen hingegen regelmäßig kontrolliert und mit einer ordentlichen Fettpackung geschützt werden. Unbedingt abzuraten ist von Modellen, die so dürftig gekapselt sind, dass man schon von außen die Lagerkugeln sieht. Hat man seinen Wunsch-Steuersatz in der richtigen Größe gefunden, muss er nur noch montiert werden. Mit etwas Geschick und Fett eine einfache Übung, wenn man ein paar Regeln beachtet: Das Lager darf niemals über den Innenring eingepresst werden, dabei geht es unweigerlich kaputt. Da spezielles Einpresswerkzeug sehr teuer ist, lässt man die Schalen am besten bei seinem Bikehändler montieren. Perfektionisten fräsen vorher das Rahmen-Steuerrohr plan. Damit ist gewährleistet, dass die Lager absolut eben und parallel zueinander aufliegen und sich dadurch nicht verspannen können.

Einmal so gründlich präpariert, reduziert sich normalerweise die Wartung der Steuersätze auf gelegentliche Kontrollen und den jährlichen großen Frühjahrsputz.

TIPPS & TRICKS

Den Steuersatz vor jeder Ausfahrt checken. Das kostet nur ein paar Sekunden. Denn ist er erst einmal ausgeschlagen, muss er meist komplett erneuert werden. Stellt man fest, dass er locker ist, wie beschrieben einstellen. Das verlängert auf jeden Fall die Lebensdauer der Lager.

LEXIKON

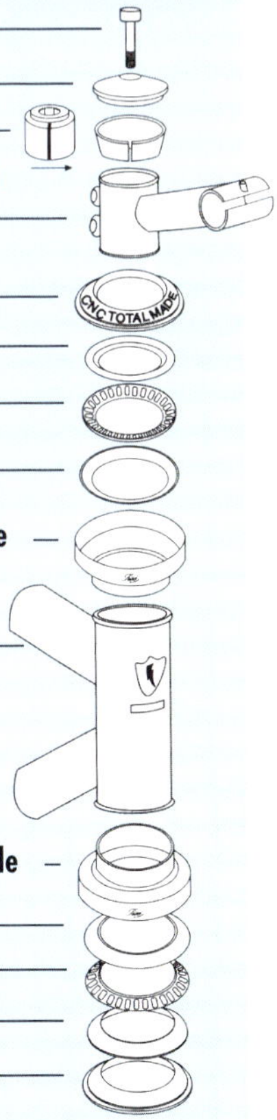

LAGERSPIEL PRÜFEN/STEUERSATZ EINSTELLEN

1+3

PROFI TIPP **Steuersatz checken mit Gefühl: Wackeln und Klackern beim Prüfen kann auch an der Scheibenbremse liegen. Wenn Sie dieses ausschließen wollen, drücken Sie das Vorderrad gegen eine Wand.**

2

Moderne Aheadset-Steuersätze lassen sich spielend leicht einstellen. Voraussetzung ist ein 5er-Inbusschlüssel und etwas Fingerspitzengefühl.

1. Prüfen Sie zunächst, wo es hakt. Ziehen Sie die Vorderradbremse und legen Sie ihre Hand an die untere Lagerschale. Mindestens ein Finger sollte dabei sowohl das Steuerrohr als auch die bewegliche Gabelbrücke berühren. Schieben Sie das Bike jetzt hin und her. Erspüren Sie eventuelles Spiel im Steuersatz. Wenn's wackelt, müssen Sie das Lager stärker unter Spannung setzen.

2. Lösen Sie hierzu die seitlichen Schrauben am Vorbau. Der Vorbau lässt sich nun samt Lenker frei hin- und herdrehen. Ziehen Sie jetzt die obere Aheadset-Schraube im Deckel etwas nach.

3. Prüfen Sie dann erneut das Lagerspiel. Wiederholen Sie diese Arbeitsschritte so lange, bis das Lagerspiel verschwunden ist. Vorsicht: Der Grat zwischen zu locker und zu fest ist schmal. Oft entscheidet ein Mini-Dreh über zu viel oder zu wenig. Haben Sie den Steuersatz so stark angezogen, dass sich der Lenker nur noch schwer drehen lässt, klopfen Sie das Bike mit dem Vorderrad ein paar Mal fest auf den Boden. Das löst die Spannung wieder. Im Optimalfall bewegt sich die Lenker-/Vorbaueinheit nur durch leichtes Anstubsen und das Lagerspiel ist gleich null.

GABEL AUSBAUEN UND STEUERSATZLAGER FETTEN

Zum Überprüfen, Reinigen und Schmieren der Steuersatzlager ist ein Ausbau der Gabel unumgänglich. Entfernen Sie vorher das Vorderrad.

1. Lösen Sie zunächst den Vorbau samt Lenker vom Schaftrohr der Gabel. Dazu müssen Sie die Aheadset-Kappe entfernen und die seitlichen Vorbau-Schrauben lösen. Entfernen Sie auch die Spacer. Lassen Sie die Lenker-Vorbaueinheit ruhig an Brems- und Schaltzügen nach unten hängen (Vorsicht: Züge knicken leicht).

2. Klopfen Sie nun mit dem Gummihammer auf den Gabelschaft. Die Gabel fällt dann nach unten heraus. Vorsicht: Die Bestandteile des Steuersatzes wie Lager und Dichtungsringe fallen jetzt ab. Legen Sie sie behutsam aufeinander oder merken Sie sich die Reihenfolge. Befreien Sie die Steuersatzteile mit einem Lappen von Fettresten, checken Sie Lager und Laufflächen auf Verschleißspuren. Prüfen Sie auch Industrielager auf ihre Leichtgängigkeit.

3. Verpassen Sie den Lagern (auch Industrielagern) eine großzügige Fettpackung. Bauen Sie jetzt die Gabel in umgekehrter Reihenfolge wieder ein. Stellen Sie das Lagerspiel des Steuersatzes ein, wie links in der Anleitung beschrieben.

PROFI TIPP

Bei von Rost befallenen Steuersatzlagern kommt jede Hilfe zu spät – schmieren ist zwecklos. Ein neuer Steuersatz muss her (am besten mit Industrielagern).

TROUBLESHOOTING LENKUNG

Problem	Ursache	Lösung
Bike lenkt sich schwergängig. Lenker lässt sich zwar gleichmäßig, aber schwergängig hin- und herdrehen. Klappernde Geräusche aus Richtung Steuersatz während der Fahrt.	1. Steuersatz ist festgerostet oder zu wenig geschmiert. 2. Steuersatzlager ist zu fest angezogen. 3. Steuersatzlager sitzen nicht parallel.	1. Gabel demontieren. Bei rostigen Lagern Steuersatz tauschen. 2. Lagerspiel korrekt einstellen. 3. Steuersatz ausbauen, Steuerrohr plan fräsen (Fachwerkstatt!), Steuersatzlager stärker vorspannen (mit Aheadset-Schraube).
Trotz penibler Justage lässt sich der Steuersatz nicht spielfrei und ohne Klemmen einstellen.	Steuersatzlager ist zu wenig angezogen. Untere und obere Lagerschale sitzen nicht parallel zueinander.	Steuerrohr nachfräsen. Das geht nur mit Spezialwerkzeug und sollte daher von der Fachwerkstatt durchgeführt werden.

KLICKPEDALE WARTEN UND EINSTELLEN

Klickpedale haben auf dem Mountainbike-Markt eine ähnlich rasante Entwicklung wie Federgabeln hinter sich. Zunächst standen viele Biker der festen Bindung skeptisch gegenüber, nun gehören die Sicherheitspedale schon zur Normalausstattung.

Ideal für Touren- und Citybiker: ein Klickpedal, das um den Klickmechanismus herum einen großen Käfig besitzt. So kann man mit normalen Schuhen oder SPD-Sohlen biken und muss nicht immer eingeklickt sein.

Ohne das lautstarke »Klack« beim Anfahren geht fast nichts mehr: Klickpedale haben sich seit ihrer Einführung mittlerweile zu einem Standard entwickelt. Die Entwicklung eines einseitigen Klickpedals mit normaler Pedalfläche auf der einen und dem Einstiegsmechanismus für die Schuhplatte auf der anderen Seite hat das System für Einsteiger nochmals attraktiver gemacht.

Die so genannten Step-in- oder Klickpedale gab es bereits auf dem Rennrad-Sektor. Offroad-Fans lehnten die feste Bindung ans Bike zunächst ab. »Bei Dreck und Matsch funktioniert das doch nicht«, lautete die Expertenmeinung, die sich jedoch schon bald wandelte. Vorreiter spielte auch hier wieder einmal der Komponenten-Spezialist Shimano aus Japan, der die ersten Klickies mit einem neuen Schuhplatten-Standard im Jahr 1990 vorstellte und damit den Pedalfirmen aus dem Straßensport wie Look und Time die Butter vom Mountainbike-Brot nahm.

Die zwei größten Probleme lösten die Japaner schon mit den ersten Entwicklungen relativ gut. Zum einen muss das Pedal sicher und schnell einrasten, auch bei stark verschmutzten Schuhsohlen. Und zum anderen darf die Schuhplatte zum Einklicken beim Gehen nicht stören.

Sportliche Klickpedale sind klein und leicht, können aber ausschließlich mit Schuhen mit Cleats gefahren werden, da die Auflageflächen klein sind.

Wie immer gab Shimano seiner Erfindung ein Kürzel: SPD nennt sich das am weitesten verbreitete Pedalsystem und steht für »Shimano Pedaling Dynamics«, also eine verbesserte Tretwirkung, die durch zwei Faktoren entsteht. Durch die feste Verbindung gehen keine Kräfte mehr verloren, weil der Fuß immer optimal auf dem Pedal steht und nicht umherrutschen kann. Die optimale Kraftübertragung, übrigens auch bei normalen, nicht fixierten Schuhen, erzielt man, wenn der Fußballen genau über der Pedalachse steht. Medizinisch heißt dieser Bereich des Fußes auch Großzehengrundgelenk. Dort konzentriert sich der Druck des Fußes. Wenn man seine Klickpedale einstellt, sollte man darauf achten, dass die Schuhplatten genau unter dem Fußballen sitzen. Zum Zweiten kann man mit Klickpedalen auch »ziehen«, wie es im Radlerjargon heißt. Während man mit einem Fuß nach unten tritt, zieht man mit dem gegenüberliegenden Bein nach oben. So entsteht der runde Tritt, bei dem die Krafteinwirkung optimal auf die komplette Kreisbahn der Kurbelbewegung verteilt wird. Den oberen und unteren Totpunkt, also wenn eine Kurbel senkrecht steht, überwindet man durch diese Technik leichter und schneller und kurbelt somit effizienter. Durch das Ziehen beim Pedalieren werden zudem noch andere Muskelgruppen im Ober- und Unterschenkelbereich beansprucht als beim Treten, sodass man mehr Kraft entwickelt und länger durchhalten kann. Gerade bei steilen Bergauf-Strecken hilft diese Technik auch Einsteigern ungemein.

Auch Sprünge wie der klassische Bunny Hop gelingen mit Klickpedalen sehr viel leichter und fallen höher aus, weil man das Bike an den Füßen einfach mithochziehen kann. Vorsicht: Füße beim Abheben nicht verdrehen, denn ein »Klack« während der Luftfahrt kündigt eine unsanfte Landung an.

Mit sehr harten Schuhsohlen, die die Kraft des Bikers am besten auf Pedal und Kurbel übertragen, können sich nicht alle Fahrradfahrer anfreunden. Zu beschwerlich und oft unsicher ist hierbei das Laufen, vor allem auf steinigem oder nassem Untergrund. Daher bleiben die Mountainbikeschuhe mit steifer Sohle und der Möglichkeit, Stollen einzuschrauben, dem Rennfahrer oder sehr sportlichen Marathonfahrer überlassen. Touren- und Freizeitfahrer bevorzugen Schuhe mit weicherer Sohle und kräftigem Profil, die noch eine sichere Fortbewegung erlauben.

Die Wahl der Schuhmarke oder des Modells hängt, wie bei anderen Spezialschuhen, von individuellen Vorlieben und Gegebenheiten ab. Am wichtigsten ist dabei die optimale Passform. Mountainbike-Schuhe sollen fest sitzen ohne zu drücken. Da der Fuß beim Radfahren relativ schlecht durchblutet wird, wie man bei Fahrten im Winter und bei kalter Witterung leicht selbst feststellen kann, darf der Bikeschuh nichts abdrücken oder quetschen. Auch den Zehen muss nach vorne und seitlich noch genügend Spielraum bleiben.

Gleichzeitig darf aber die Ferse im Schuh nicht rutschen, beim Laufen können schmerzhafte Blasen entstehen. Wer viel in unwegsamem Gelände unterwegs ist oder gar mehrtägige Touren mit dem Mountainbike unternehmen möchte, sollte knöchelhohe Schuhmodelle anprobieren. Sie schützen den empfindlichen Knochen und stützen den Knöchel beim Bergauf- und Bergablaufen. Mittlerweile gibt es auch spezielle Modelle für nasse und matschige Bedingungen, die einen eigenen Innenschuh aus Neopren besitzen. Neoprenmaterial wird seit geraumer Zeit auch bei Überschuhen verwendet.

Der Vorteil von Mountainbike-Schuhen mit Klickpedal-Vorbereitung besteht darin, dass man sie zunächst auch ohne die Systempedale benutzen kann. Wenn Sie noch Angst vor dem Umstieg haben oder wenn nach dem Schuhkauf Ebbe in der Kasse herrscht, lassen Sie einfach die Sohle unberührt. Von Turnschuhen ist aus zwei Gründen abzuraten: Zum einen ist die Sohle meist zu weich und man verschenkt unnötig Kraft. Ein Schuhhersteller stellte bei Messungen fest, dass man mit Turnschuhen nur 37 Prozent der Kraft aufs Pedal bringt. Und wer verschenkt schon gerne 63 Prozent seiner Anstrengung? Zum anderen stellen die frei fliegenden Schnürsenkel ein Sicherheitsrisiko dar. Moderne Bike-Schuhe besitzen meist über der Schnürung einen Klettriemen, mit dem man den Fuß besser fixieren kann und unter dem gleichzeitig die losen Schnürsenkel verstaut werden. Wenn der Schuh gut passt, spricht auch nichts gegen eine reine Klettfixierung. Viele Biker bevorzugen die Kletts sogar, weil man sie auch beim Fahren schnell lockern und vor einem Anstieg wieder fixieren kann.

Nahezu optimal für Einsteiger und Tourenfahrer, die im schwierigen Gelände nicht fixiert sein wollen, sind zwei Bauarten von Klickpedalen. Eines dieser Modelle besitzt zwei verschiedene Seiten. Einmal klickt man in die Haltebacken ein, auf der gegenüberliegenden Seite steht man, wie auf einem normalen Pedal, mit der Sohle auf dem Pedalkäfig ohne einzurasten. An schwierigen Stellen oder wenn man sich unsicher fühlt, klickt man aus und stellt den Fuß auf die Käfigseite ohne Halterung.

Beim zweiten Klickpedal-System liegt ein beweglicher Pedalkäfig wie ein Rahmen um den Einrastmechanismus. So braucht man nur noch den Fuß auf diesen Käfig zu stellen und hat einen sicheren Stand, auch wenn man nicht einklickt. Zum anderen funktioniert bei diesem System das Einklicken wie von selbst, weil das Pedal immer im optimalen Winkel steht.

So unzertrennlich und fest, wie manche glauben mögen, ist auch die Bindung an ein SPD-Pedal nicht. Shimano bietet zwei verschiedene Schuhplatten an, von denen eine Ausführung leichteres Ein- und Ausrasten ermöglicht.

Ein Tipp für Klick-Einsteiger zum Schluss: Stellen Sie die Auslösekraft Ihres neuen Klickpedals zunächst so leicht wie möglich ein und üben Sie auf einer ruhigen Straße oder einem Feldweg das Ein- und Aussteigen, bis die seitliche Ausrastbewegung automatisch klappt. Das erspart peinliche Szenen an Ampeln und bei der Gruppen-Tour.

Mountainbike-Schuhe für Klickpedale besitzen eine härtere Sohle als Sportschuhe, damit die Kraft besser aufs Pedal übertragen wird. Mit Klettverschlüssen kann man die Schnürsenkel sichern, damit sie nicht in die Kettenblätter geraten oder an Ästen hängen bleiben.

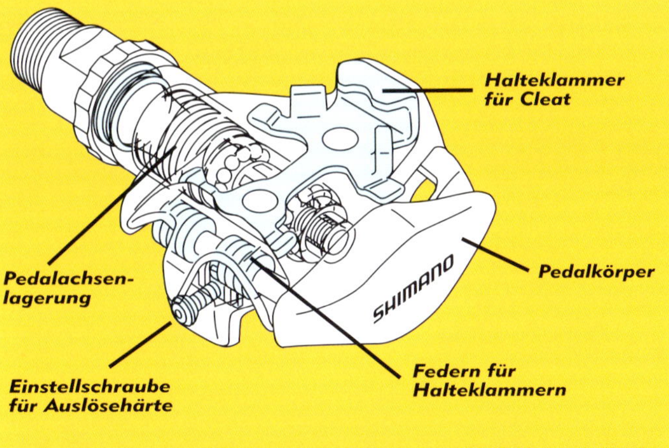

Das Innenleben eines Klickpedals: Wie bei einer Ski-Sicherheitsbindung halten Backen das Cleat fest. Mit einer seitlichen Drehung schnappen die Backen auf und geben den Fuß frei. Die Auslösehärte wird von der Federspannung bestimmt, die man leicht von außen einstellen kann.

PEDAL-SERVICE

Ein Pedal hat's schwer im Leben. Es wird immer nur getreten. Gönnen Sie ihm auch mal etwas Zuwendung. Außerdem: Cleat-Montage und Einstell-Hilfe.

1 ACHSE AUSBAUEN

1a

1b

Hat Ihr Pedal vor dem Gewinde eine graue, geriffelte Kunststoffmutter? Dann können Sie die gesamte Kompakt-Achseinheit zur Pflege herausziehen. Bei den entsprechenden Shimano-Modellen (z. B. PD-M 747 oder 646) liegt der passende Schlüssel gleich bei, oder Sie besorgen ihn im Fachhandel. Dies funktioniert auch bei hochwertigen Pedalen einiger anderer Hersteller (z. B. Coda Comp, Wellgo, Specialized). Schieben Sie den Schlüssel über das Pedalgewinde und bis zum Anschlag in die Zapfen der Mutter (1a). Zum Drehen dient ein 35-Millimeter-Maulschlüssel (1b). Achtung! Im rechten Pedal befindet sich hier ein Linksgewinde. Das heißt die Mutter löst sich im Uhrzeigersinn. Beim linken Pedal ist es ein Rechtsgewinde. Wenn Sie sich unsicher sind, beachten Sie die auf der Mutter aufgedruckten kleinen Pfeile. Sie sind mit dem Wort »tighten« bezeichnet, zeigen also die Anzugsrichtung. Die Mischung aus Rechts- und Linksgewinden beim Pedal hat folgenden Grund: Durch den immensen Druck während der Rotation würden sich die Gewinde bei falscher Einschraub-Richtung aufdrehen. Die Kunststoffmutter sitzt meist relativ fest. Reicht der Gegenhalt von Hand nicht aus, spannen Sie das Pedal vorsichtig in einen Schraubstock. Nach dem vollständigen Lösen des recht langen Gewindes können Sie die Achseinheit komplett herausziehen (1c).

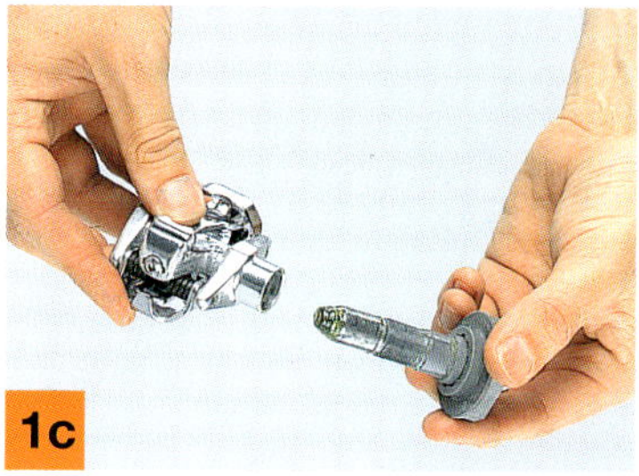
1c

2a

2b

2c

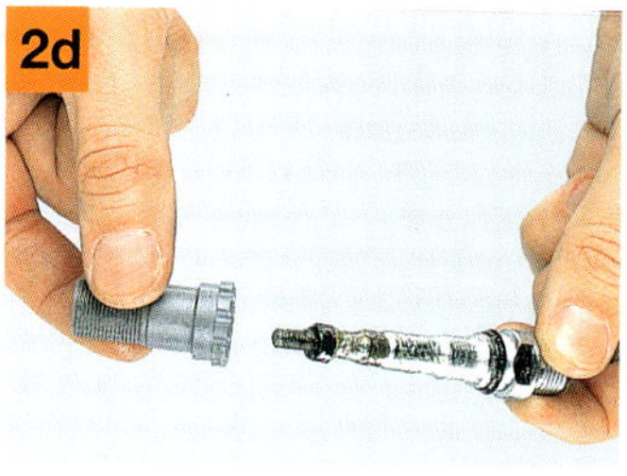
2d

2 ACHSENLAGER ZERLEGEN

Auf der Achse sitzen zwei Kugellager. Eines ganz am Ende unter der Konterung und eines noch unsichtbar unterhalb der kurzen Stahlhülse. Man könnte zwar jetzt das obere Lager von außen fetten, aber eine vorherige Reinigung beider Lager ist zu empfehlen. Dazu lösen wir zunächst die Konterung mit einem 7-Millimeter-Maulschlüssel (2a). Falls sich die Lauffläche darunter mitdreht, mit einem 10-Millimeter-Schlüssel gegenhalten. Beide brauchen wir am Ende zum Einstellen der Lager wieder. Unter der Konterung liegen zwölf kleine Kugeln (2b). Zieht man die Stahlhülse ab, deren oberer Rand die Lauffläche darstellt, kommt darunter das zweite Lager zum Vorschein (2c). Dessen unterer Laufring liegt auf der grauen Kunststoffhülse auf. Nimmt man die Kugeln heraus, lässt sich auch noch die graue Hülse abziehen. Tipp: Unbedingt ein Tuch zum Auffangen der Kugeln unterlegen. Nach dem Reinigen fixieren Sie diese einfach in einem frischen Fettbett. Dann alle Teile in umgekehrter Reihenfolge zusammenfügen und die Lager oben wieder mit Gefühl kontern.

3 INTEGRIERTE LAGER

3a

3b

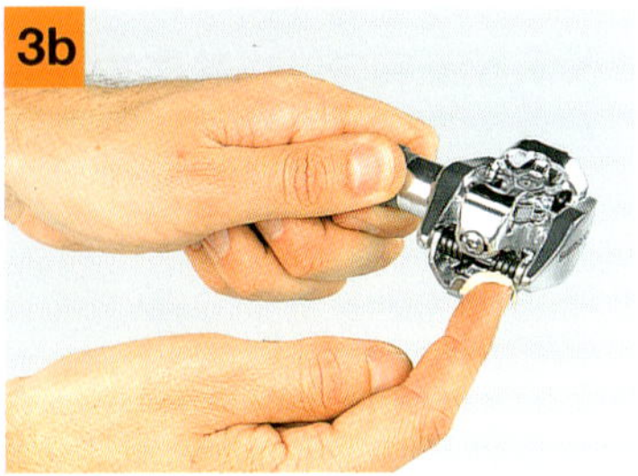

Das Zerlegen von Pedalen ohne die unter Punkt 1 beschriebene Achseinheit können wir nicht empfehlen (z. B. Shimano PD-M 535). Das äußere Lager ist zwar nach Entfernen der Abdeckkappe erreichbar, aber nur schwierig mithilfe von Steckschlüsseln zu öffnen. Zieht man dann die Achse heraus, fallen die Kugeln des inneren Lagers heraus und sind nur unter größten Schwierigkeiten wieder einzusetzen. Nach dem Reinigen des Klick-Mechanismus mit Wasser und Bürste verpassen Sie der Feder im Inneren einen dünnen Fettmantel (3b).

4a

4b

4c

4d

4 KORREKTE CLEAT-MONTAGE

Bei Bikeschuhen der modernen Generation sind die Gewinde zur Montage der Cleats meist frei zugänglich. Früher musste man sie oft durch einen Teil der Sohle freischneiden. Um eine optimale Kraftübertragung zu erzielen, muss die Position des Cleats exakt bestimmt werden. Es sollte genau dort sitzen, wo der Fußballen über der Pedalachse steht. Zur Bestimmung des Punktes ist eine zweite Person hilfreich. Sie peilt den aufs Pedal gesetzten Schuh von der Seite und markiert die Stelle mit einem Filzmarker (4a). Denkt man sich diese Linie weiter, so müssen auf ihrer Verlängerung die beiden Befestigungsschrauben sitzen. Nun haben wir aber erst die Druckpunkt-Position des Cleats bestimmt. Es fehlt noch die Stellung des Fußes in Längsrichtung. Da hilft leider nur Ausprobieren. Ziehen Sie zunächst das Cleat in etwa 90-Grad-Position zu den beiden Längslöchern fest, und machen Sie eine Probefahrt. Korrigieren Sie danach eventuell die Fersenstellung durch minimales Drehen des Cleats (4c). Um ein Verdrehen desselben beim Ausstieg und somit einen Sturz zu verhindern, sollten Sie die Schrauben final gut festziehen. Auch eine regelmäßige Kontrolle des Schraubensitzes ist anzuraten. Jetzt fehlt noch die Einstellung der Ausstiegshärte. Die verstellt man in der Regel mit einem 3-mm-Inbus an den Pedal-Enden, und zwar separat für jede Seite. Achtung! Im Neuzustand ist die Härte normalerweise auf die weichste Position eingestellt. Wer jetzt die Einstellschraube noch weiter lockert, riskiert, dass sie irreparabel aus dem Gewinde schnappt! Beachten Sie die kleine Einstellskala im Pedal, zu sehen auf der Auflagefläche des Cleats.

TIPPS

Vorsicht bei der Montage an die Kurbel! Beim Pedalgewinde gibt es verschiedene Einschraubrichtungen. Faustregel: Beide Pedale immer in Rotationsrichtung der Räder festziehen!

Also rechtes Pedal im Uhrzeiger-, linkes Pedal gegen den Uhrzeigersinn. Und immer Fett aufs Gewinde schmieren, so lassen sich die Pedale leicht an- und abmontieren.

Zur Montage benötigen Sie in der Regel einen 15-Millimeter-Maulschlüssel. Manche Fabrikate (z. B. Shimano) lassen sich auch von innen mit einem Sechs-Millimeter-Sechskantschlüssel fixieren. Pedalschlüssel sind flacher als Maulschlüssel, damit sie zwischen Kurbel und Pedal passen.

Durch Fußmärsche auf Geröll können die Köpfe der Cleat-Schrauben zerstört werden. Dann hilft nur noch Ausbohren (Vier-Millimeter-Bohrer). Ersatzschrauben und ein Cleat gehören bei längeren Touren, wie einer Alpenüberquerung, unbedingt ins Werkzeug-Set.

FEDERGABEL-LEXIKON UND WARTUNG

Eine Federgabel ist mittlerweile Standard am Mountainbike. Alles über den richtigen Federweg, die unterschiedlichen Systeme und Tipps zu Tuning, Umrüsten und Wartung der populären Modelle.

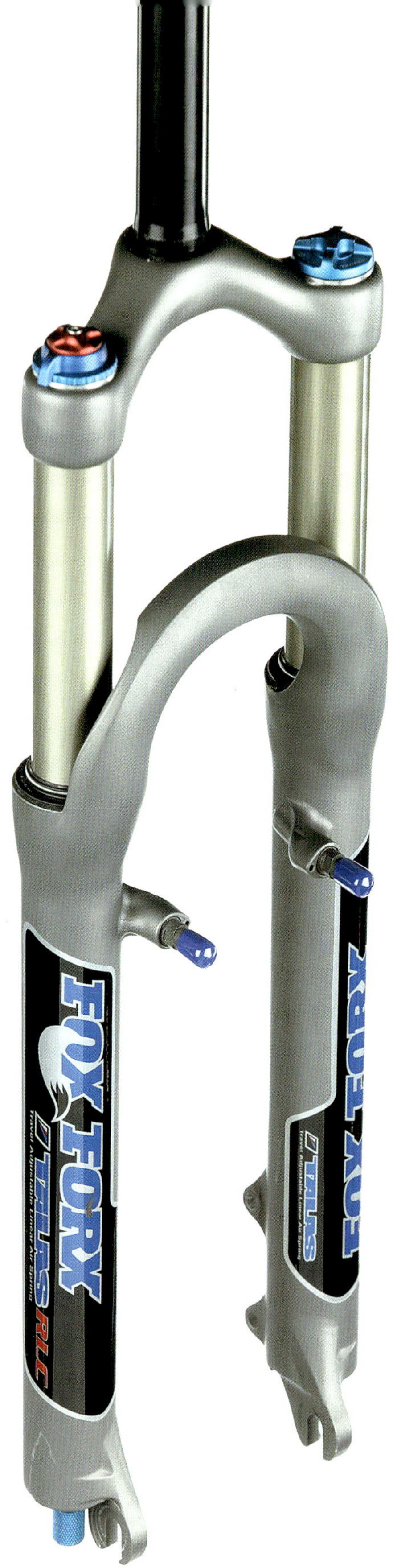

Federgabeln gehören inzwischen so selbstverständlich ans Mountainbike wie Sattel oder Bremse. Denn die Vorteile der Stoßdämpfer überwiegen bei weitem die noch vorhandenen Nachteile: Mehr Sicherheit durch permanenten Bodenkontakt des Vorderrads und der Komfortgewinn durch die Verminderung von Schlägen und Vibrationen heben das etwas höhere Gewicht und die nötigen Wartungsarbeiten an den gefederten Forken mehr als auf. Wie viel Federweg braucht eine Federgabel? Die ursprünglich üblichen 40 oder 60 Millimeter findet man nur noch an speziellen Ausführungen für den Cross-Country-Renneinsatz und bei Puristen, die großen Wert auf geringes Gewicht legen. 80 Millimeter sind nahezu der Standard, der bei den Modellen der oberen Preisklasse bereits auf 100 Millimeter ausgedehnt wurde. Ab 110 Millimeter sind die Federgabeln eigentlich nur noch für speziell dafür gebaute Fullsuspension-Modelle oder für Spezialisten wie Hardcore-Freerider oder Downhiller geeignet.

Drei Bauweisen haben sich etabliert: Die am meisten verbreitete Teleskopgabel (Fox, Magura, Manitou, Marzocchi, Rock Shox, Suntour), zum Teil mit Doppelbrücken-Klemmung, das nur von Cannondale gebaute Headshok-System, das ausschließlich an die Mountainbike-Rahmen dieses Herstellers passt, und Parallelogrammgabeln (K2/Proflex, AMP), die aber immer mehr verschwinden. Bei allen drei Bauweisen existieren verschiedene Systeme für Federung und Dämpfung. Je nach Philosophie des Herstellers und der Preisklasse findet man Elastomerdämpfer, Dämpfung durch Öl (offenes Ölbad

Die Einstellung der Zugstufe (Ausfedergeschwindigkeit) befindet sich meist unten am Holm einer modernen Federgabel.

FEDERGABELSYSTEME IM VERGLEICH

GABELSYSTEM	VORTEILE	NACHTEILE
Elastomer	Leicht, preisgünstig, Durchschlagschutz	Verhärtet bei Kälte Kaum Dämpfung
Stahlfeder/ Elastomer	Gutes Ansprechverhalten Durchschlagschutz Gute Abstimmung	Höherer Preis Höheres Gewicht
Stahlfeder/ Öl	Sehr gutes Ansprechverhalten Gute Dämpfung	Höheres Gewicht Hoher Preis
Öl/Luft	Gutes Ansprechverhalten Gute Dämpfung Durchschlagschutz	Abstimmung aufwändig

oder Patrone), kombiniert mit Stahlfedern oder Luftreservoirs oder gar eine Kombination aus allen diesen Elementen, verteilt auf die beiden Holme, um die besten Eigenschaften der verschiedenen Feder- und Dämpfungstechniken zu addieren. So viel Technik, meist adaptiert aus dem Motorradbereich, erhöht die Möglichkeiten der

Immer ausgefeiltere Verstellsysteme erlauben eine schnelle Anpassung an Gelände und Fahrstil.

Einstellungen auf Fahrergewicht, Gelände und Fahrstil. Hinzugekommen sind Blockier- und Verstellsysteme für den Federweg, sodass man die Gabeln meist ohne Werkzeug ans Gelände und das eigene Fahrverhalten anpassen kann. Lock-out-Hebel finden sich an den Gabeln oder lassen sich über einen am Lenker montierten Hebel betätigen. Die Federwege lassen sich mit Techniken wie u-Turn (Rock Shox) oder ECC (Marzocchi) zwischen 80 und 130 Millimetern variieren. So viel Technik hat natürlich leider auch ihren (höheren) Preis.

Die Preisskala der verschiedenen Federgabel-Modelle reicht vom Billigteil für 100 Euro bis zur Super-Downhillgabel für 1500 Euro, also ein Betrag, für den man bereits ein renn- und tourentaugliches komplettes Mountainbike erhält. Mindestens 200 Euro sollte man jedoch investieren, wenn man das Fahrverhalten seines Mountainbikes wirklich verbessern und

LEXIKON

- **ANSPRECHVERHALTEN** Reaktion der Gabel auf einen Stoß. Taucht die Gabel gleich bei einem leichten Schlag ein oder benötigt sie eine hohe Anfangskraft, um einzufedern? (Siehe auch Losbrechmoment)
- **ANTI-BOB** Manitous Lock-out-System, nachrüstbar für bestimmte Modelle.
- **CARTRIDGE** Patrone oder Kapsel, meist mit Ölfüllung für die Dämpfung.
- **DÄMPFUNG** Unkontrollierte Schwingungen werden beispielsweise bei der Öldämpfung reduziert, indem Hydrauliköl durch Öffnungen (Ventile) fließen muss. Durch diesen Strömungswiderstand wird Bewegungsenergie in Wärme umgewandelt. Die Dämpfung wird umso stärker, je schneller sich der Kolben bewegt und je kleiner der Durchflussquerschnitt der Ventile ist.
- **DOPPELBRÜCKENKLEMMUNG** Federgabeln, die sowohl oberhalb wie unterhalb des Steuerrohrs eine Gabelbrücke besitzen. Für längere Federwege und größere Stabilität hauptsächlich bei Downhill- oder Freeridemodellen.
- **DRUCKSTUFENDÄMPFUNG** Dämpfung beim Einfedern.
- **ECC** Steht für »Extension Control Cartridge«, Marzocchis Lock-out-System.
- **ELASTOMER** Kunststoffpuffer mit geringer Eigendämpfung.
- **FEDERHÄRTE** Wird in Pounds/Inch angegeben. Auf Fahrergewicht abstimmen.
- **FEDERWEG** Theoretisch der Weg, den das Tauchrohr im Standrohr zurücklegt, also die Strecke, die das Vorder- oder Hinterrad nach oben ausweichen können.
- **GABELBRÜCKE** Verbindung der beiden Gabelholme, auch Krone genannt.
- **HEADSHOK** Von Cannondale entwickeltes System, bei dem die Dämpfung zentral im Gabelschaftrohr statt in den Gabelholmen untergebracht ist.
- **LOCK-OUT** Blockiermöglichkeit an Federgabeln und Dämpfern.
- **LOSBRECHMOMENT** Benötigte Kraft, bis die Federgabel eintaucht. Bei hohem Losbrechmoment taucht sie im Wiegetritt kaum ein, bei niedrigem Losbrechmoment reagiert sie bereits auf leichte Schläge und Vibrationen.
- **MCU** Micro Cellular Urethan, spezielle Elastomersorte.
- **NACHRÜSTKIT** Einbauteile für Federgabeln, um die Dämpfungseigenschaften oder den Federweg zu verbessern. Um Garantieprobleme zu vermeiden, sollte man beim Kauf auf Herstellerempfehlungen achten!
- **NEGATIVFEDERWEG (SAG)** Der Weg den die Gabel oder das System einsinkt, wenn man sich aufs Bike setzt. Aufs Fahrergewicht abstimmen!
- **PARALLELOGRAMMGABEL** Die Gabelholme sind starr, die Dämpfung wird in ein Parallelogramm-Gelenk zwischen Gabelbeinen und Steuerrohr integriert. Dadurch bewegt sich das Vorderrad nicht nur nach oben wie bei einer Teleskopgabel, sondern beschreibt eine Kurve nach hinten-oben. Vom Aussterben bedroht.
- **PPD** Pro Pedal Damping, System in Fox-Dämpfern, um Schaukeln zu minimieren.
- **QR 20** So heißt die Quick-Release-Steckachse mit 20 Millimetern Durchmesser von Marzocchi für die Gabel Z1. Benötigt eine QR 20-Spezialnabe.
- **RA** »Reverse Arch Technology«, der Verstärkungsbügel sitzt hinter den Holmen. Von Manitou seit Modelljahr 2002 gebaut.
- **RTA** steht für »Rapid Travel Adjust«, Federwegsverstellung bei Manitou.
- **SHOCKBOOTS** Kunststoff- oder Neoprenschützer für Teleskopgabeln, um Eindringen von Wasser und Schmutz zu verhindern.
- **SPV** Stable Platform Valve, System für Gabeln und Dämpfer, das im Wiegetritt die Dämpfung stabilisiert, um heftiges Schaukeln zu vermeiden.
- **STANDROHRE** Normalerweise die Gabelholme, die fest mit der Gabelbrücke verbunden sind (Ausnahme: Upside-Down-Gabel). Eselsbrücke: Würde man die Gabel demontieren, stünde das Bike auf den Standrohren.
- **TAUCHROHRE** Die Rohre, in die die Standrohre eintauchen.
- **TPC** Twin Piston Chamber, Manitou's System der zwei Kolben für Druck- und Zugstufe, seit 2004 immer blockierbar (Modelle Axel, Skareb, Black).
- **TULLIO** Steckachsensystem von Rock Shox für mehr Steifigkeit.
- **UPSIDE-DOWN-GABEL** Stand und Tauchrohre sind vertauscht.
- **U-TURN** Rock Shox' Verstellsystem für den Federweg.
- **VERDREHSTEIFIGKEIT** Wird in Newtonmeter pro Grad angegeben. Je höher dieser Wert, desto lenkpräziser ist die Gabel.
- **ZUGSTUFENDÄMPFUNG** Dämpfung beim Ausfedern.

MEHR ODER WENIGER FEDERWEG?

Am Anfang war Rock Shox mit dem U-Turn-System allein auf dem Markt. Doch nach und nach hat auch die Konkurrenz begriffen, wie simpel und effektiv Verstellsysteme funktionieren können. Das U-Turn-System ist ein Rock-Shox-Patent – also haben die Entwickler von Fox, Marzocchi, Answer und Co. eigene Systeme entwickelt. Die Anforderungen sind klar: Ein gutes System muss einen großen Verstellbereich besitzen, sollte möglichst in allen Federwegen noch gute Federungsperformance bieten und zudem leicht oder sogar während der Fahrt bedienbar sein. Die größten Probleme macht dabei sicher der zweite Punkt: Die Anpassung der Federkennlinie an den Federweg. Hier kann nur die Fox Talas mit dem Flight-Control-System Rock Shox das Wasser reichen.

Answer Manitou RTA 2

(Rapid Travel Adjust)

Eine Sperrklinke greift nach Umlegen des Hebels in die Stahlfeder und hält sie in komprimiertem Zustand. Nur zwei Positionen sind möglich (ein- oder ausgefedert), und die vorgespannte Feder verschlechtert das Ansprechverhalten. Der Einstellbereich beträgt nur etwa zwei Zentimeter.

Marzocchi ECC

(Extension Cartridge Control)

Kommt in Marzocchi-Luftgabeln zum Einsatz. Ein Ventil im Dämpfer verhindert auf Knopfdruck das Ausfedern der Gabel. Die Luft wird dann allerdings stark komprimiert, sodass die Gabel nach Aktivieren des ECC hart wie eine Starrgabel wird. ECC hat einen großen Einstellbereich, aber kaum Fahrkomfort bergauf.

Fox Talas

Die Talas arbeitet mit zwei Luftkammern, dazwischen sitzt ein Schwimmkolben. Mit dem Drehrad komprimiert man die Luft in der ersten Kammer. Erst dann aktiviert der Druck auf den Schwimmkolben die zweite Kammer. Dadurch bleibt die Gabel auch auf dem kleinen Federweg agil und die Kennlinie passt sich ähnlich wie beim U-Turn-System an.

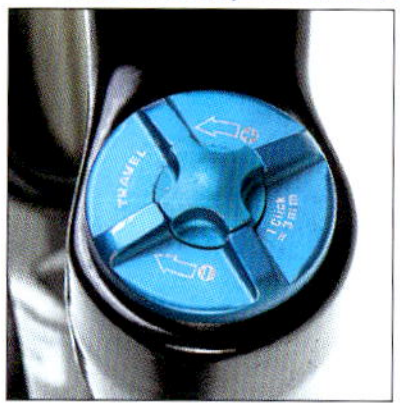

Rock Shox U-Turn

Die einfachste und trickreichste Verstellkonstruktion. Eine Spindel läuft auf der Stahlfeder wie auf einem Gewinde und verkürzt die Feder. Eine kürzere Feder bedeutet eine größere Federhärte. Diese passt sich also automatisch dem verkürzten Federweg an. Ansprechverhalten und Sensibilität bleiben in allen Federwegsoptionen gleich. Nur mit U-Turn hat man wirklich mehrere Gabeln in einer.

DIE SYSTEME IM VERGLEICH

Moderne Gabeln bieten eine Menge an Verstellmöglichkeiten. Diese reichen vom Federweg über die Druck- und Zugstufe bis zum Lockout, dem Blockieren. Jeder Hersteller kocht sein eigenes Süppchen. Welches System kann was und wie gut?

System	Effektiver Niveauausgleich	Anpassung der Kennlinie	Bedienbar während der Fahrt
Marzocchi ECC	○○○○○○	●●●●●●	○○○○○○
Marzocchi ETA	○○○○○●	○●●●●●	○○○○○○
RS U-Turn	○○○○●●	○○○○○○	○○○●●●
Fox Talas	○○○●●●	○○○○○○	○○○●●●
Answer RTA	○●●●●●	○●●●●●	○○○○○○

Marzocchi ETA

(Extension Travel Adjustment) Weiterentwicklung des ECC-Systems. Auch hier wird mittels eines Ventils der Dämpfer blockiert. Allerdings sorgt eine kleine Feder für etwas Restfederweg. Deswegen lässt sich die Gabel weniger weit absenken als bei ECC. ETA gibt es nur in Marzocchi-Stahlfedergabeln.

die Errungenschaften einer modernen Federgabel auch ausnutzen möchte. Im Bereich zwischen 300 und 500 Euro gibt es an den Gabeln schon jede Menge Möglichkeiten zur Einstellung und Feinabstimmung von Federung und Dämpfung. Die Gabeln werden bei gleichzeitig höherer Steifigkeit leichter. Gabeln über 600 Euro bringen Mountainbikern nur dann echte Vorteile, wenn sie sich intensiv mit der Technik auseinander setzen und sehr viel biken – und dafür gerne mehr Geld ausgeben.

Besitzer älterer Federgabeln müssen angesichts der rasanten Entwicklung nicht verzweifeln: Nachrüstkits von Original- und Fremdherstellern ermöglichen das Tunen von Gabeln auch älterer Baujahre auf den High-Tech-Stand guter Mittelklasse-Modelle – zu einem Bruchteil der Kosten für eine neue Federgabel.

Bevor Sie nun mit maximalem Federweg aufrüsten wollen, sollten Sie sicher sein, dass die Gabel auch in Ihr Bike passt. Denn wenn der Einbau die Geometrie zu stark verändert, kann aus Ihrem flotten Flitzer eine lahme Krücke werden. Und eigentlich wollten Sie ja die Fahreigenschaften verbessern. Die Einheitslänge der früheren Starrgabeln betrug 395 Millimeter. Alle Rahmen waren auf diese Einbaulänge abgestimmt. Federgabeln bauen jedoch höher, da der Federweg sozusagen integriert

Federweg ist nicht alles. Die Federgabel muss mit der Heckdämpfung harmonieren.

DAS BEWIRKT DER NIVEAU-AUSGLEICH

Ein Bike, zwei völlig verschiedene Geometrien – hier am Beispiel einer Marzocchi Z1 FR SL-Gabel mit ECC-Niveau-Ausgleich. Folgende Geometriemaße verändern sich:

1. Lenk- und Sitzwinkel: Durch das Absenken wandert der Körperschwerpunkt nach vorne/unten. Die Klettereigenschaften verbessern sich. Doch bei zu starker Absenkung lenkt sich das Bike wesentlich nervöser als vorher.

2. Die Tretlagerhöhe: Das Tretlager wandert einige Zentimeter nach unten. Bei zu tiefer Position läuft man Gefahr, in ruppigem Gelände mit der Kurbel aufzusetzen.

3. Verkürzter Radstand: Das verstärkt den Effekt des steilen Lenkwinkels. Der Geradeauslauf wird unruhiger, das Bike lenkt sich in diesem Extremfall wie ein Kinderrad.

4. Verkürzte Oberrohrlänge: Misst man die Oberrohrlänge horizontal von Mitte Steuerrohr bis Mitte Sattelstütze, verkürzt sich diese Distanz im eingefederten Zustand. Beim Niveau-Ausgleich gilt: **Zu viel des Guten ist schlecht**. Die Sitzposition wird im Extremfall sehr gedrungen und beeinträchtigt die Klettereigenschaften. Das Beispiel zeigt, dass eine zu starke Niveauregulierung negativen Einfluss auf die Fahreigenschaften haben kann.

werden muss. Eine längere Gabel aber macht den Lenkwinkel des Bikes flacher und das Verhalten des Stahlesels träger. Hier kann schon ein halbes Grad die Fahreigenschaften verändern. Ist die Federgabel etwa 20 Millimeter länger als zuvor, wird der Lenkwinkel bereits um ein Grad flacher. Geht man davon aus, dass eine Federgabel mit 70 Millimeter Federweg rund 430 Millimeter hoch baut (gemessen vom unteren Steuersatzlager zur Nabenmitte), ändert sich der Lenkwinkel bei richtiger Einstellung der Gabel unter Belastung um 1,2 Grad.

Was bewirkt nun der Lenkwinkel genau? Im Laufe der Mountainbikegeschichte hat sich nahezu als Standard ein Lenkwinkel zwischen 70 und 71,5 Grad eingebürgert. Liegt der Winkel darunter, reagiert das Bike eher träge, ist aber dafür sehr spurtreu und auch bei hohen Geschwindigkeiten fast nicht aus der Bahn zu bringen. Lenkwinkel ab 72 Grad und höher machen ein Geländerad fast nervös. Könner bezeichnen das als agil und lenkfreudig, doch sind diese Eigenschaften nicht jedermanns Sache.

Wenn Sie nun eine Federgabel für Ihr Bike suchen, sollten Sie zunächst den Lenkwinkel herausfinden. Den kann der Fachhändler messen, oder Sie finden entsprechende Informationen, gedruckt oder im Internet, in denen der Lenkwinkel Ihres Bikes angegeben ist. Sie können auch die Länge Ihrer aktuellen Gabel von der Nabenmitte bis zum unteren Sitz des Steuersatzes messen. Auf dem Markt gibt es mittlerweile schon Bikes, die zur Aufrüstung mit einer Federgabel vorbereitet sind, das heißt

Messen Sie unbedingt die Länge Ihrer bisherigen Gabel, bevor Sie sich entscheiden. Nur mit diesem Maß können Sie die optimale Nachrüstgabel aussuchen, ohne die Fahreigenschaften ihres Bikes dramatisch zu verschlechtern.

TIPPS & TRICKS

- **Ist die Gabel für das eigene Bike zu lang, hilft ein weiches Einstellen der Federgabel mit viel Negativfederweg. Unter Belastung verringert sich die Einbauhöhe und der Winkel passt wieder.**
- **Ein dickerer Hinterradreifen hebt das Heck an. So korrigiert man leicht den Lenkwinkel und sorgt zugleich für mehr Durchschlagschutz.**
- **Auslaufmodelle von Federgabeln mit geringem Federweg harmonieren gut mit älteren Hardtails und sind oft günstiger als die neuesten Modelle zu haben.**
- **Beim Ablängen des neuen Gabelschaftes unbedingt Spacer dazwischen legen. So bleibt genügend Reserve für andere Vorbauten oder Steuersätze.**
- **Beim Nachrüsten am besten gleich auf Aheadset umsteigen. Dank der größeren Auswahl findet man leichter einen zur neuen Geometrie passenden Vorbau.**

80 oder 200 Millimeter – so sieht der Unterschied zwischen Cross Country und Downhill direkt am Bike aus. Der Federweg vorne muss aber auch zur Gesamtcharakteristik des Rads und zum Federweg am Heck passen.

die eingebaute Gabel ist länger als das Standardmaß von 395 Millimetern. Haben Sie diese Maße, können Sie die Faustregel anwenden: Pro 20 Millimeter Verlängerung wird der Lenkwinkel um ein Grad flacher. Am besten gehen Sie einen Kompromiss zwischen möglichem Federweg der Gabel und Verschlechterung des Lenkwinkels ein. Ein Rechenbeispiel: Ihr Bike weist einen Lenkwinkel von 71,5 Grad auf und die alte Gabel baut 405 Millimeter hoch. Ein Lenkwinkel von 70,5 Grad ist noch okay, also darf die neue Federgabel maximal 425 Millimeter zwischen Nabe und Lagerschale lang sein.

Doch Vorsicht: Die Einbaulänge der Federgabel ist nicht immer proportional zum Federweg. Die Einbauhöhe einer 2002er-Marzocchi Z1 DropOff mit 130 Millimeter beträgt 503 Millimeter, die einer Z1 von 2004 liegt bei gleichem Federweg bei 518 Millimeter. Hier muss man den Hersteller der Gabel oder einen guten Fachhändler genau befragen, um die passende Nachrüstgabel zu finden.

U-Turn heißt das Verstellungssystem für den Federweg bei Rock Shox. Mithilfe eines Drehknopfs wird die Länge der Feder im Inneren verändert und somit der Federweg variiert, je nach Modell von rund 60 bis 100 Millimetern. Das U-Turn-System gab es in der Psylo ab Modelljahr 2002.

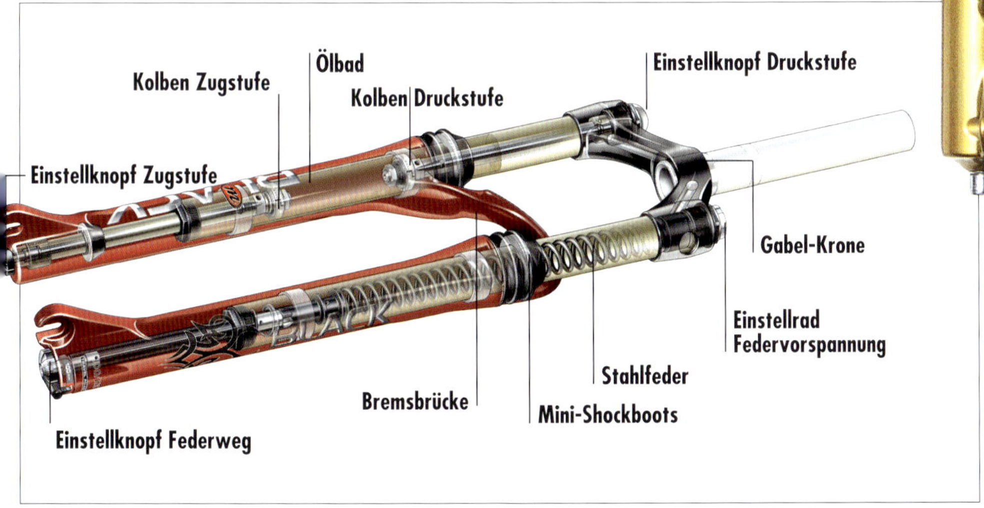

Das Innenleben einer Manitou-Federgabel, bei der sich der Federweg, die Druck- und die Zugstufe verändern lassen. Wie die meisten modernen Gabeln der mittleren bis oberen Preisklasse arbeitet sie mit Stahlfedern und einem Ölbad für die Dämpfung.

ROCK SHOX REBA DUAL AIR

Reba ist die neue Universalgabel von Rock Shox. Mit bis zu 120 Millimetern Federweg ist sie die bessere SID. Hier die Wartungsanleitung.

Die regelmäßige Wartung und der Öltausch für die Reba Dual Air ist für bastelfreudige Laien kein Problem. Neben den gängigen Werkzeugen braucht man das Service-Kit mit neuen O-Ringen, RockShox-Öl oder Judy Butter, eine Sprengringzange und eine Wanne für das alte Öl. Im rechten Holm befinden sich Druck- und Zugstufe, im linken der Dual-Air-Kolben. Die oberen Ventilkappen (Air) abschrauben. Luft komplett ablassen, zuerst oben (Positivkammer), dann unten (Negativkammer).

1. Kappe derZugstufe abziehen

2. Mit 5er-Inbus am rechten Tauchrohr die Schraube drei Umdrehungen ausschrauben, mit vorsichtigem Klopfen die Kartusche im Inneren lösen.

3. Am linken Tauchrohr mit 10er-Maulschlüssel aufschrauben.

4. Bevor man hier ebenfalls freiklopft, das Gewindeende mit einer aufgeschraubten Mutter schützen. Dann auf beiden Seiten die Bolzen per Hand komplett ausschrauben.

5. Anschließend an der Gabelbrücke die Tauchrohre von den

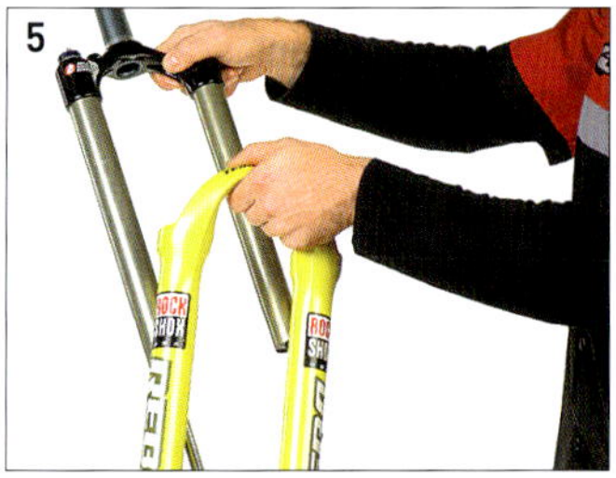

Standrohren abziehen. Achtung: Nie mit dem Hammer auf die Brücke klopfen, die Magnesium-Struktur wird dabei beschädigt!

6. Nun mit der Sprengringzange den Sprengring des rechten Standrohrs entfernen.

7. Mit einer 24 Millimeter-Nuss die Motion-Control-Einheit lösen.

8. Die Einheit mit drehender Be-

wegung herausnehmen. Nun das alte Öl aus dem Gabelholm ausgießen. Dies sollten 110 Milliliter sein.

9. An der Motion-Control-Einheit mit einem kleinen Schraubendreher vorsichtig den oberen O-Ring abnehmen, um den Kunststoff nicht zu beschädigen, und gegen einen neuen austauschen.

9

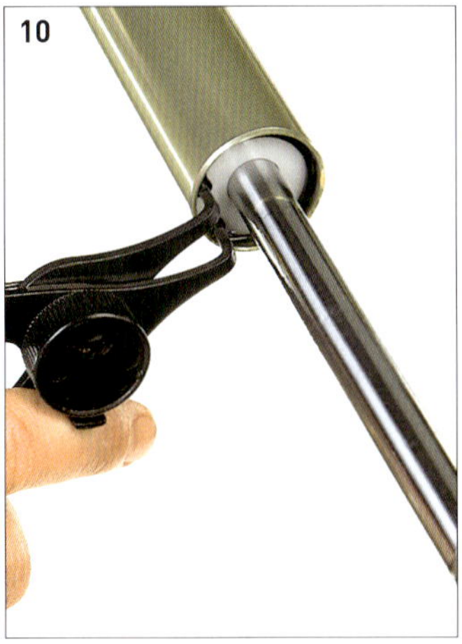
10

10. Am unteren Ende des Dämpferkolbens (rechter Holm) den Sprengring entfernen.

11. Zugstufe mit leicht rüttelnden Bewegungen aus dem Holm ziehen, da sie sehr fest sitzen kann. Den weißen Kunststoff-Bodenring abstreifen. Auf dem Ring sitzen jeweils zwei O-Ringe, einer auf der Innen-, der andere auf der Außenseite. Beide im Rahmen des Service ersetzen.

12. Den oberen Gleitring der Zugstufe ersetzen. Den Schaft der Zugstufe auf Verschleißspuren prüfen. Bei Kratzern oder Riefen muss der Schaft erneuert werden. Bei der Montage der neuen O-Ringe immer Judy-Butter oder W-15er-Öl verwenden.

12

11

13. Den linken Holm, der den Dual-Air-Kolben enthält, mit einer 24er-Nuss öffnen. Deren Rand darf nicht zu dick sein.

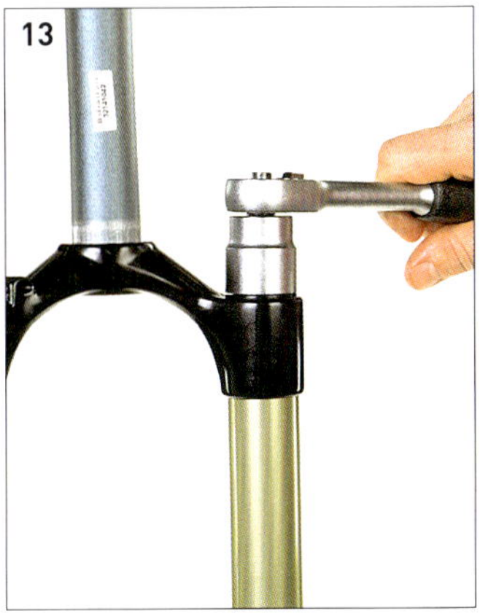
13

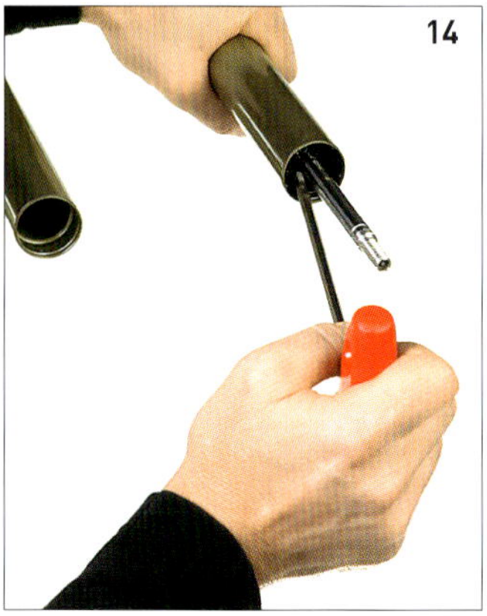
14

15

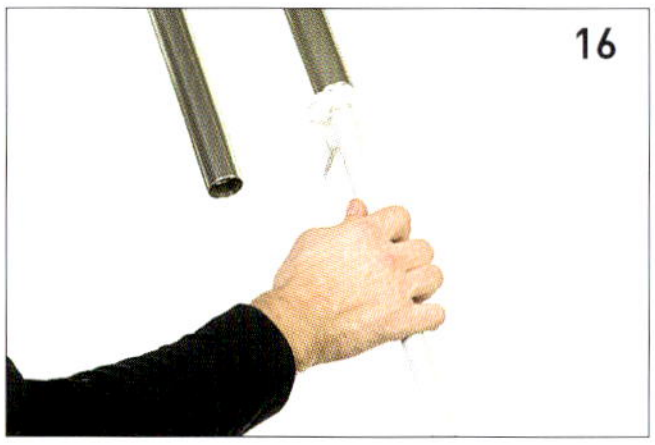
16

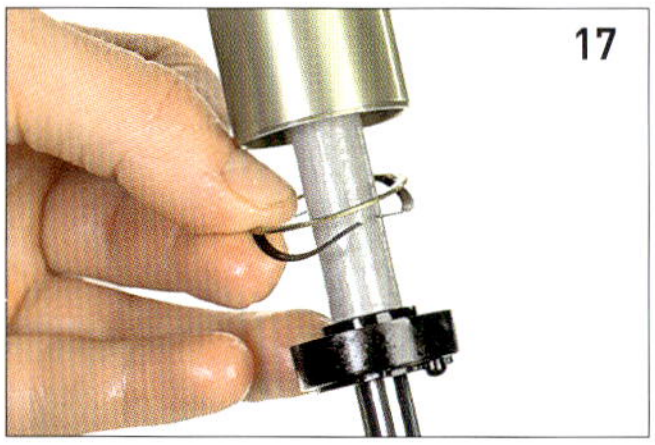
17

14. Die Schaftführungsbuchse (ein Plastikring) der Luftfedereinheit am unteren Ende muss ein wenig nach innen gedrückt werden, bevor man den Sprengring öffnen kann, da er in einer Vertiefung dieser Buchse sitzt. Beim späteren Einsetzen darauf achten, dass er sich auch wieder richtig in dieser Vertiefung einfügt (Schritt 18). Dann Sprengring ausbauen.

15. Stange herausziehen. Vorsicht: Dabei tropft Öl. Wer den Federweg seiner Reba verändern will, kann hier eine unterschiedliche Anzahl von Spacern für Federwege von 80 – 115 Millimetern platzieren. Zwei Spacer: 80 Millimeter, ein Spacer 110 Millimeter, ohne Spacer sind es 115 Millimeter Federweg. Für den Service die Plastikeinheit nach unten abstreifen und alle O-Ringe der weißen Kunststoffringe (jeweils einer innen und außen) austauschen. Bei der Montage der neuen O-Ringe vorsichtig vorgehen und sie mit Judy-Butter oder 15W-Öl behandeln, um Beschädigungen zu vermeiden.

16. Das Innere der Holme mit um ein Kunststoffrohr gelegten Lappen mit Alkohol reinigen.

17. Beim Einführen der Einheit des linken Holms auf die richtige Position der Wellenscheibe achten. Sie muss sich unterhalb der anderen flachen Scheibe befinden. Außerdem die Einheit vorsichtig einführen, um nicht die neuen O-Ringe zu beschädigen. Eventuell das Negativkammer-Ventil drücken, um die Montage zu erleichtern. Beim Montieren der Sprengringe auf die richtige Position achten: Die scharfkantige Seite muss nach außen zeigen. Vor der Montage der oberen Kappe 5 Milliliter 5W-Öl einfüllen.

18

19

20

18. Neues Öl in linken Holm einfüllen. Die Menge sollte 110 Milliliter oder vom Öllevel bis zum oberen Rand genau 127 Milliliter betragen.

19. Vor dem Einbau das Ventil der MC-Einheit öffnen (gegen Uhrzeigersinn, bei Remote: Knopf auf Drei-Uhr-Position). Positiv-Luftkammer befüllen, bevor Tauchrohre aufgeschoben werden. Die Foam-Abstreifringe mit Judy-Butter behandeln, an beiden Holmen je 15 Milliliter 5W-Öl einfüllen.

20. Unten 3 – 5 Milliliter Öl injizieren. 24er-Schrauben mit 10,5 Nm anziehen. Gabel montieren.

Damit flutscht's: Judy Butter, Red-Rum, Öl in mehreren Viskositäten.

ROCK SHOX PIKE

Pike heißt die Nachfolgerin der Psylo. Sie ist durch ihr U-Turn-System und unterschiedliche Federhärten auf jedes Gelände abstimmbar.

1

2

3

4

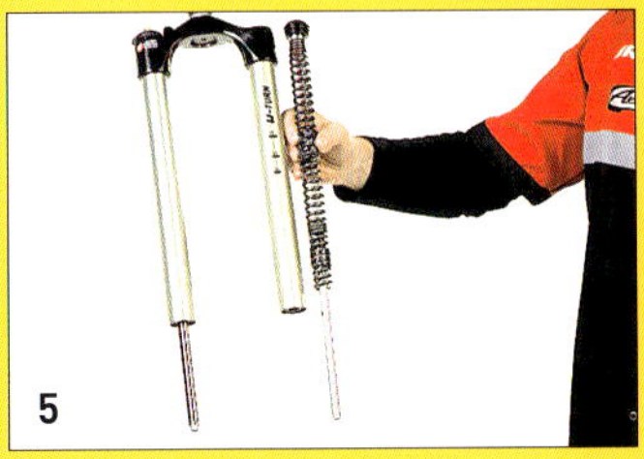
5

Der Service des rechten Beins funktioniert wie bei der Reba (Schritte 1–12). Für den Service oder den Austausch lässt sich die Stahlfeder folgendermaßen ausbauen:

1. 5er-Inbusschraube zwei Umdrehungen ausdrehen, Einheit locker klopfen.
2. Mit 2,5er-Inbus U-Turn-Knopf entfernen. Vorsicht: Kügelchen und Federchen nicht verlieren.
3. Mit 24er-Nuss die U-Turn-Endkappe aufschrauben. Dabei leicht nach unten drücken, damit sie nicht nach oben springt.
4. Am unteren Holmende den Sprengring entfernen, dann die U-Turn-Schaftführung herausziehen.
5. Standrohre mit Isopropylalkohol reinigen. U-Turn-Einheit gut fetten. Bei Austausch siehe Empfehlungen Schritt 8.
6. Die Foam-Dichtungen der Tauchrohre mit 15er-Öl behandeln.
7. Beim Zusammenbau der Gabel darauf achten, dass der Sprengring und die Schaftführung (4) gut sitzen. Nach dem Aufschieben der Tauchrohre je 15 Milliliter 15er-Öl unten einfüllen (wie Reba). Komplette Gabel mit Alkohol gut reinigen und wieder einbauen.
8. Es gibt unterschiedliche Federsets für die Pike: Rot ist medium, für Fahrer um die 80 Kilogramm. Gelb bedeutet soft, für unter 80 Kilogramm. Blau ist das harte Federset und schwarz das extra harte Setup. Auch wenn die Federsets ähnlich zu denen der Psylo aussehen, dürfen sie nicht untereinander getauscht werden! Wer will, kann seine Pike auf Remote Control umstellen und muss dafür die komplette Pop-Loc-Einheit (rot auf dem Foto) austauschen.

6

7

8

FOX FORX SERVICE

Der Dämpferhersteller baut leichte, gut funktionierende Federgabeln. Bei regelmäßigem Service arbeiten die Forken noch besser und länger.

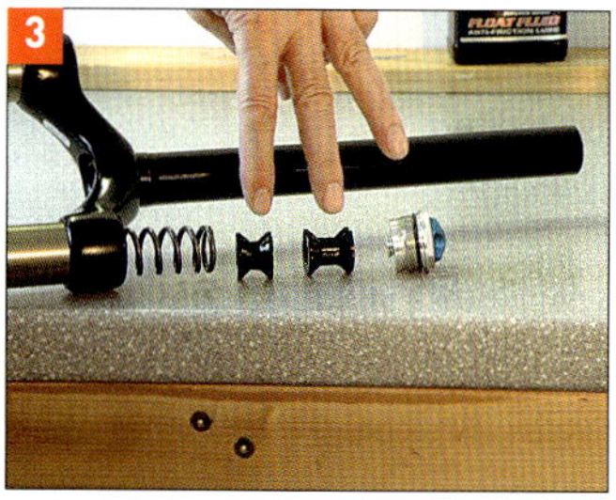

Um den Federweg oder die Federhärte zu verändern, das Öl und die Dichtungen zu tauschen, kann man die Fox-Gabeln relativ einfach öffnen. Die Fox Vanilla lässt sich nur duch Versetzen der internen Spacer von 125 Millimetern auf 100 oder 80 Millimeter umbauen.

1. An den Holm-Unterseiten die 10er-Muttern aufschrauben.

2. Auf beiden Seiten der Gabel die Verschlusskappen mit einer 26er-Nuss öffnen.

3. Auf der Vorspannseite (linker Holm) die Kappe ganz herausdrehen und die Federwegsspacer und die Feder entfernen. Sitzen die Spacer ganz oben, wie gezeigt, beträgt der Federweg der Vanilla R das Maximum von 125 Millimetern. Das Öl aus der Gabel in eine Wanne abgießen.

4. Die Kartusche aus dem rechten Holm herausziehen.

5. Das Gewinde der Führungsstangen mit aufgeschraubter Mutter schützen und durch leichte Schläge mit einem Gummihammer lösen.

6. Um den Federweg auf 80 Millimeter zu reduzieren, platziert man beide Spacer unterhalb der Feder. Ein Spacer oben, einer unten ergibt 100 Millimeter.

7. Um die Staubdichtungen zu entfernen, diese vorsichtig mit einem Gabelschlüssel (am besten 19er) heraushebeln. Achtung: Dabei die Standrohre nicht beschädigen!

8. Die demontierten Tauchrohre mit Alkohol oder Bremsenreiniger gründlich säubern.

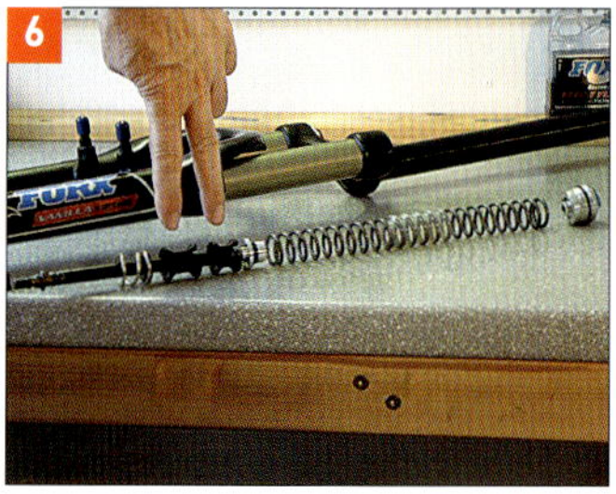

9

10

11

12

13

9. Die Foam-Ringe ölen und wieder in die Tauchrohre einsetzen.
10. Die neuen Staubdichtungen (Dustseals) vorsichtig in die Tauchrohre einpressen.
11. Die ebenfalls mit Alkohol gereinigten Standrohre sehr vorsichtig wieder in die Rauchrohre einführen, um die Staubdichtungen nicht zu beschädigen!
12. Für den Einbau der Kartusche zuvor die Luft ablassen. Dazu mit einem 1,5-Millimeter-Inbus auf das Luftventil unten drücken und die Kartusche einige Male durchpumpen, bevor man sie wieder in die Gabel einsetzt.
13. Die Befestigungsschrauben an der Holmunterseite sollten neue O-Ringe erhalten.
14. Verschlussmuttern aufschrauben und mit 5,6 Nm festziehen.
15. Vanilla-Gabel-Modelle einfach von oben mit Öl befüllen: in die Kartuschen-Seite 160 Milliliter, in die Federseite 30 Milliliter. Die Fox-Float-Gabeln werden auf der Luftseite von unten befüllt: Öl einfüllen, bevor man die Verschlussmuttern anzieht (Schritte 13 und 14). Empfohlen wird für alle Modelle Fox Suspension Fluid mit der Viskosität 7W.
16. Float-Modelle erhalten zudem eine Packung Float Fluid, (fünf Milliliter) bevor die Verschlusskappe wieder aufgeschraubt wird.
17. Die oberen Verschlusskappen werden jeweils mit rund 18,5 Nm angezogen (alle Gabeln).

14

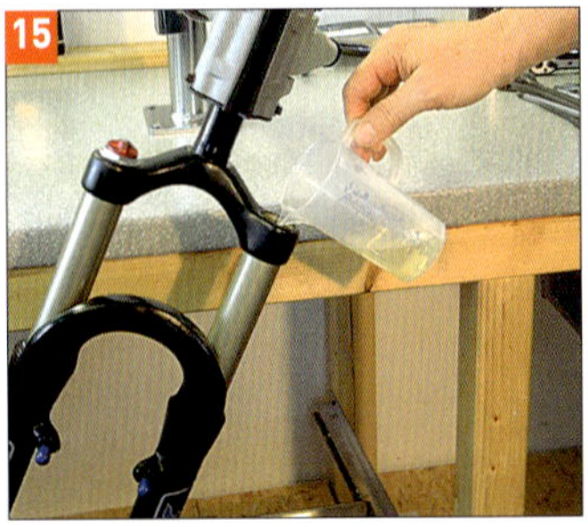
15

16

17

Talas Gabeln	150 Milliliter	Fox Suspension Fluid 7W
F80 RLT	145 Milliliter	Fox Suspension Fluid 7W
F100 RLT/Float	145 Milliliter	Fox Suspension Fluid 7W
F80 X	145 Milliliter	Fox Suspension Fluid 7W
F100 X	145 Milliliter	Fox Suspension Fluid 7W
Vanilla	155 Milliliter	Fox Suspension Fluid 7W

MARZOCCHI-UMBAU

Darf's ein bisschen mehr sein? So verlängert man den Hub der Bomber-Gabel von Marzocchi. Bei einigen anderen Modellen (siehe Tabelle) lässt sich ebenfalls der Federweg variieren.

1
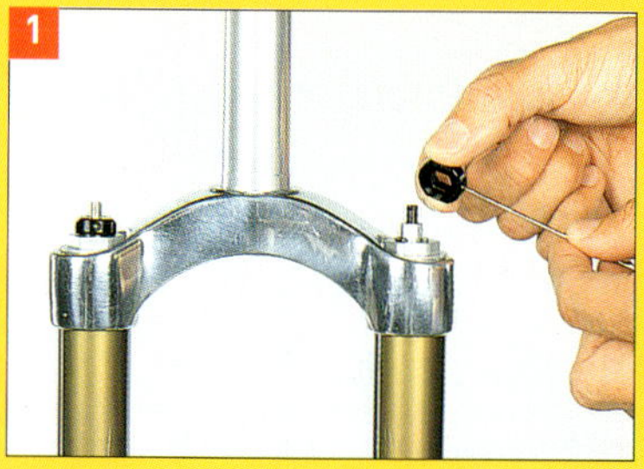

2
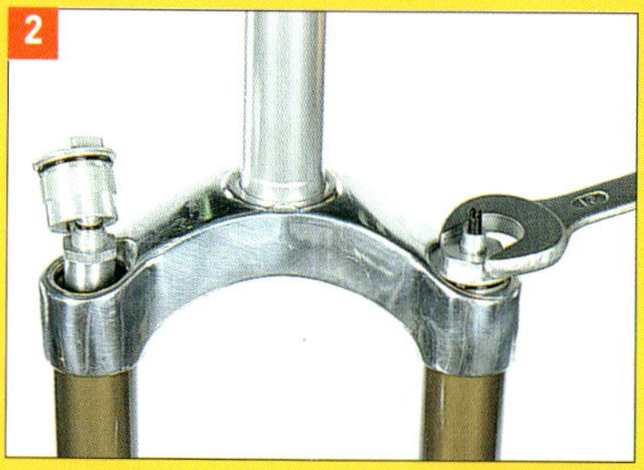

3
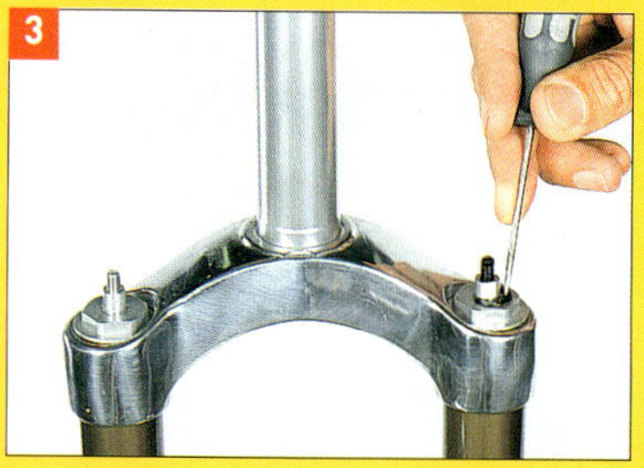

4

1-4 VERSCHLUSSKAPPEN ÖFFNEN

Hier ist der Umbau der Z 1 MCR Baujahr 2000 gezeigt. Die anderen Möglichkeiten stehen in der Tabelle. Das Kit besteht aus zwei längeren Hauptfedern und zwei kürzeren Rebound-Federn. Vor Beginn die Vorspannung der Federn gegen den Uhrzeigersinn ganz lösen. Die Drehknöpfe der Vorspannung mit einem 1,5-Millimeter-Sechskantschlüssel entfernen (1). Anschließend darunter liegenden Sprengring vorsichtig mit einem kleinen Schraubendreher heraushebeln (2). Vor dem Öffnen der Deckel muss die Gabel senkrecht stehen. Sonst könnte Öl ausfließen. Modell MCR: Am Deckel passt ein 21-Millimeter-Maulschlüssel (3). Bei den anderen Modellen muss man zum Öffnen der Deckel die Standrohre aus der Brücke ziehen. Achtung: Weiteren Sicherungsring zuvor entfernen! Unter den Verschlusskappen liegen die Muttern für die Federvorspannung. Sie sitzen mit einem Linksgewinde auf der Kolbenstange, müssen also rechts herum abgeschraubt werden (4). Für einen besseren Zugriff die Gabel etwas zusammendrücken.

5-7 FEDERN AUSBAUEN

Jetzt kann man die Hauptfedern herausziehen (5). Wichtig für den Zusammenbau: Die Federn besitzen unten eine Farbmarkierung für die Härte. Und: Der weiße Kunststoffring auf der Feder liegt mit der Vertiefung nach oben. Bis hierher ist der Vorgang identisch mit dem Federtausch gegen ein härteres oder weicheres Setup. Zur Federwegsverlängerung spätestens jetzt das Öl oben aus den Standrohren abkippen. Bitte umweltgerecht entsorgen, falls nicht wieder verwendet! Beim Abgießen die Kolbenstange hin- und herschieben, dann fließt auch der letzte Tropfen heraus. Die unten im Standrohr sitzenden Rebound-Federn muss man auch tauschen. Diese erreicht man erst nach Ausbau beider Dämpfereinheiten. (6) Die Sicherungsmuttern der Dämpfer sitzen etwas vertieft an der Unterseite der Tauchrohre. Man benötigt dafür einen langen Steckschlüssel (15 Millimeter). Falls sich die Dämpfereinheiten mitdrehen: Nach oben gegen den Anschlag herausziehen und festhalten (7).

5
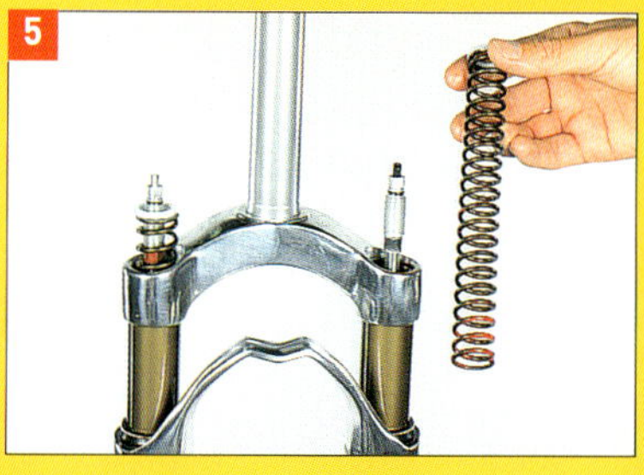

6
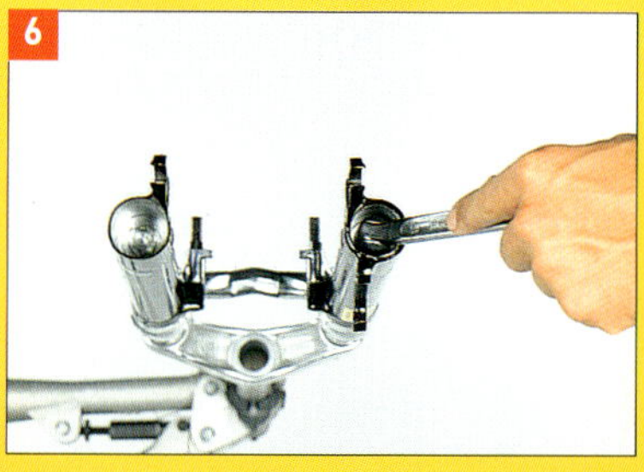

7
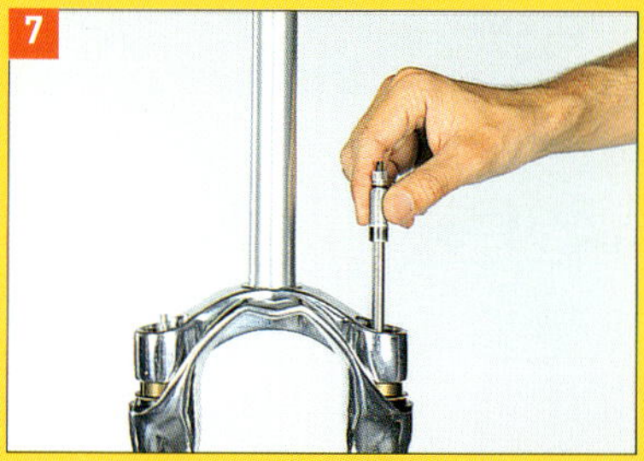

8-9

DÄMPFER AUSBAUEN

Nach dem Lösen der Befestigungsmuttern unten kann man die Dämpfereinheiten oben herausziehen (8). Im Originalzustand befindet sich die Druckstufendämpfung von vorne gesehen im rechten Standrohr, die Zugstufendämpfung im linken, zu erkennen am geschlitzten schwarzen, beziehungs-weise silbernen Einstellknöpfchen. Theoretisch kann man ihre Position auch vertauschen. Wenn man sich beim Einstellen unterwegs daran gewöhnt hat, macht es jedoch Sinn, ihre Lage beim Zusammenbau beizubehalten. Die unterwegs in der Regel häufiger regulierte Zugstufe erreicht man dann auf dem Bike sitzend, in Fahrtrichtung gesehen, besser mit der rechten Hand. Der Tausch der Rebound-Federn klappt am besten mit einer Speiche. Man benutzt einfach den gebogenen Kopf wie einen Haken und fischt die Feder damit unten aus dem Standrohr (9). Den Platz der längeren Feder (Standard) nimmt jetzt die kürzere des Longtravel-Kits ein (10).

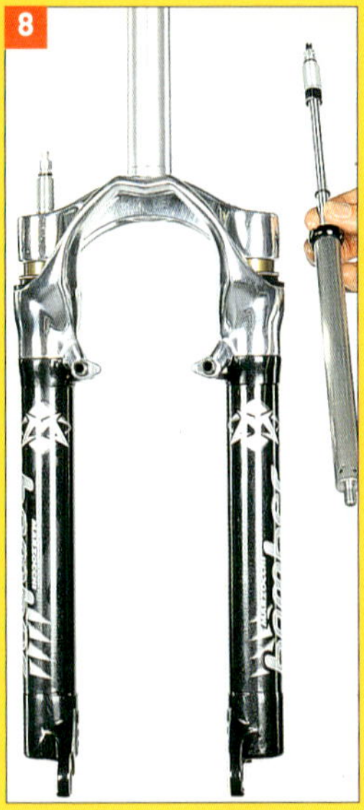
8

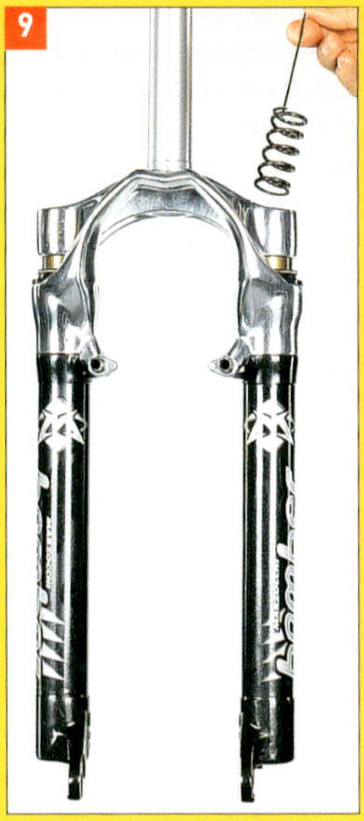
9

10

11

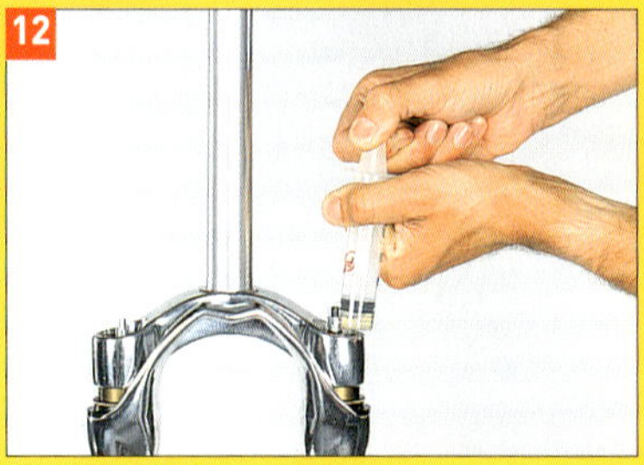
12

10-12

ÖL EINFÜLLEN

Der Zusammenbau der Gabel erfolgt nun chronologisch umgekehrt. Vor dem Einsetzen der Hauptfedern (wie bei Schritt 5) muss man das für die Dämpfung zuständige Öl einfüllen (11). Dazu die Gabel bis zum Maximum zusammenschieben. Das Befüllen unbedingt öfter unterbrechen und das Öl durch Hin- und Herschieben der Dämpfer-Kolbenstange im System verteilen. Der korrekte Ölpegel muss 50 Millimeter unter der Oberkante der Standrohre stehen. Tipp: Beim Apotheker eine große Spritze besorgen, einen 50 Millimeter langen Schlauch vorne aufstecken und den Überstand des Öls einfach absaugen (12). So erspart man sich das umständliche Nachmessen von oben mit einem Meterstab.

Tuning: Durch Variieren des Ölpegels kann man das Dämpfungsverhalten der Gabel grundsätzlich geringfügig verändern. Ein um zwei bis drei Millimeter höherer Pegel ergibt mehr Dämpfung, zwei bis drei Millimeter weniger ergeben weniger Dämpfung. Den gleichen Effekt hätte auch ein Öl von höherer (10 bis 15W) oder niedriger Viskosität (5W). Erfahrungsgemäß ist jedoch der Verstellbereich der Dämpfung so groß, dass man mit dem Standard-Öl 7,5W alle Wünsche realisieren kann. Ein turnusmäßiger Ölwechsel muss maximal einmal pro Jahr erfolgen. Meistens genügen sogar alle zwei Jahre.

DIE UMBAU-KITS

Modell	Jahr	von	auf
Drop Off	00	130 mm	100 mm
Z3 QR20	00	100 mm	130 mm
Z5	01	100 mm	80 mm
Z3	01	100 mm	80 mm
DJ I	02	100 mm	130 mm
DJ II	02	100 mm	130 mm
Junior T	02	170 mm	150 mm
MXC	02	100 mm	80 mm
MXR	02	100 mm	80 mm
DJ I/II/III	03	100 mm	130 mm
MX Pro	03	85 mm	100 mm
Junior T	03	170 mm	150 mm

MANITOU-WARTUNG

Bei den älteren Gabeln von Answer Manitou können auch weniger versierte Hobbybastler Wartungsarbeiten vornehmen. Wichtig: Eine Fettpresse. Bei den Luftgabeln regelmäßig den Ölstand überprüfen!

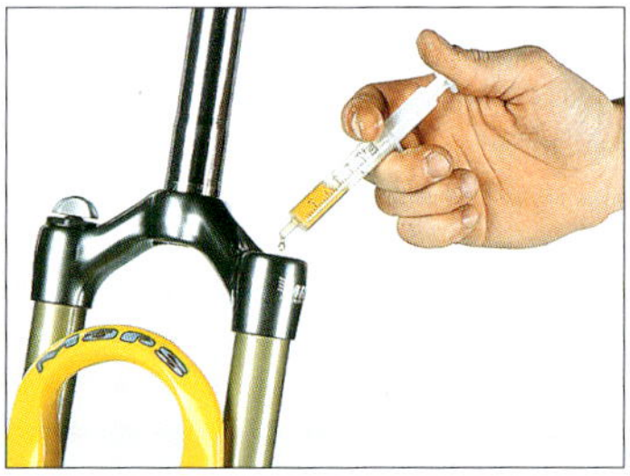

Zur Schmierung der Standrohre hat Manitou das Microlube-System entwickelt. Mit einer Presse gibt man ein bis drei Schübe Fett in die Schmiernippel der Holme und sichert sich so ein präzises Ansprechverhalten. Dieser Service sollte spätestens alle 100 Fahrstunden wiederholt werden. Wer seine Gabel viel arbeiten lässt, fettet schon nach 20 Stunden. Sie haben Ihre Forke komplett zerlegt und gereinigt? 20 Hübe aus der Fettpresse sollten reichen. Die Luftmodelle brauchen alle 100 bis 200 Fahrstunden ein wenig Aufmerksamkeit. Den Luftkolben ölen und den Ölstand überprüfen. Ganz wichtig: Zuerst die Luft aus der Druckkammer ablassen! Sonst pfeift die gelöste Topkappe durch den Hobbykeller. Mars-Modelle: Topkappe auf der linken Seite (Fahrerperspektive) mit einem 27er-Gabelschlüssel abnehmen (der Schlüssel passt nicht hundertprozentig, aber auch kein Zollschlüssel passt besser). Das geöffnete Rohr mit einem Spritzer Gabelöl versorgen und wieder verschließen.

FEDERTAUSCH

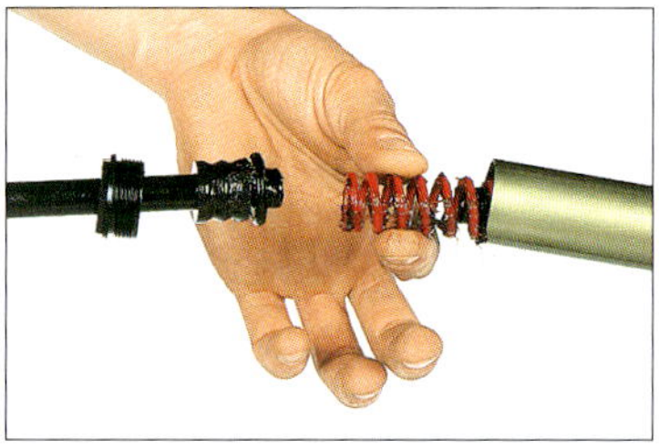

Je nach Gewicht gibt es unterschiedliche Federhärten. Zum Wechseln der Federn der Mars-Serie müssen die Tauch- von den Standrohren abgezogen werden: Zugstufenverstellrädchen vom rechten Gabelfuß nach unten abziehen (nur Mars Super/Elite). Acht-Millimeter-Inbusschraube am rechten, Vierer- am linken Gabelfuß öffnen. Tauchrohre nach unten wegziehen. Mit einem 24er-Gabelschlüssel die freigelegte Plastiksechskantschraube links lösen und das so genannte Compression Rod herausziehen. Mit dem kleinen Finger die Feder angeln. Jetzt können Sie die neue Feder einsetzen. Diese sollten Sie ausreichend mit zähflüssigem Maschinenfett schmieren. Bei den Modellen X-Vert, SX, Magnum und den Black-Gabeln mit Stahlfeder findet der Federtausch von oben her statt. Deckelkappe links (in Fahrtrichtung) entfernen.

ÖLWECHSEL

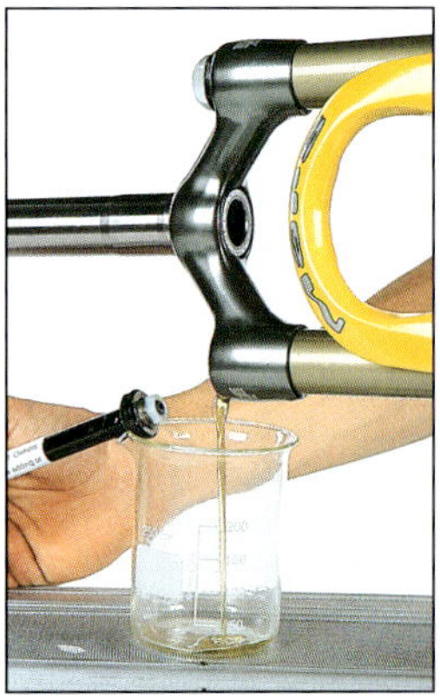

Um das Ausgießen des Öls zu erleichtern, ist der Ausbau der Gabel sinnvoll. Den in Fahrtrichtung gesehenen rechten Gabelholm öffnen. Der 24er-Schlüssel ist der richtige. Öl ausschütten und später fachgerecht entsorgen. Günstig ist es, die Luft im linken Gabelholm abzulassen. So kann man die Gabel beim Entleeren einige Male etwas zusammendrücken. Das fördert noch einige Tropfen zu Tage.

ÖLSTÄNDE IN MM FÜR VERSCHIEDENE MODELLE

Magnum R: 107 mm • SX/SX-100/SX R: 108 mm • Mars/Mars Elite/Mars Super: 114/102/95 mm • X-Vert/X-Vert Super/X-Vert Air: 79 mm • X-Vert DC/X-Vert Carbon: 254/215 mm • Super Nova: 114 mm Plus/minus 5 mm Abweichungen liegen im Rahmen. Außer beim Lockout-System Anti-BOB: Hier ist genaues Messen wichtig.

BLACK UND SKAREB

Die Black-Modelle arbeiten mit Stahlfedern (Platinum, Elite, Comp) und Luft (Super und Super Air SPV), die Skareb-Modelle mit Luft. Die Luft-Modelle besitzen im linken Standrohr eine Federeinheit (Ride-Kit), die auf das Fahrergewicht abgestimmt sein sollte. Für jede Gabel gibt es entsprechende Ride-Kits für den jeweiligen Federweg in fünf verschiedenen Abstimmungen: Von sehr weich und weich über mittel, hart bis sehr hart. Falls die Manitou-Gabel trotz optimaler Einstellung nicht gut anspricht, sollte man einen Tausch dieser Ride-Kits erwägen. Bitte beachten: Bei Luftgabeln immer aus allen Kammern (Druckstufe und SPV) die Luft ablassen, bevor man zu schrauben beginnt. Bei Gabeln mit Stahlfedern oder Verstellsystemen wie Wind Down oder Rapid Travel Adjustment die Druckstufe komplett öffnen (auf weichste Stufe stellen) und den Federweg auf Maximum einstellen, damit die Federn im Inneren der Gabel entspannt sind.

ÖLWECHSEL UND SERVICE

Bei normaler Belastung sollte man bei den Gabeln alle vier Monate das SemiBath-Öl ersetzen. Dazu entfernt man die Tauch- von den Standrohren: Den blauen Rebound-Knopf (rechts) mit 2-Millimeter-Inbus entfernen, dann mit 8-Millimeter-Inbus im Uhrzeigersinn den Schaft lösen. Linkes Tauchrohr der Black mit 11-Millimeter-Nuss öffnen. Dann das alte Öl in eine Wanne tropfen lassen. Gabel mehrmals ein- und ausfedern, um alles herauszudrücken. Stand- und Tauchrohre auseinander ziehen und gründlich reinigen. Dann Standrohre halb in die Tauchrohre schieben und mit einer Spritze von unten je 16 Milliliter SemiBath-Öl in die Tauchrohre geben, Gabel dabei schräg nach oben halten. 8-mm-Schraube im rechten Holm gegen den Uhrzeigersinn (!) festziehen. Bei luftgefederten Gabelmodellen alle sechs Wochen den Ölstand oben auf dem Luftkolben prüfen: Luft am rechten Holm ablassen, Sechskantschraube öffnen. Nun sollte ein wenig Öl oben auf dem Luftkolben zu sehen sein. Wenn nicht, drei Milliliter 40W-Öl eingießen.

Die Dämpfungssysteme wartet man durch den Wechsel des Dämpfungsöls einmal im Jahr. Federeinheiten im linken Rohr in Ruhe lassen. Nur den rechten Holm öffnen: Kappe entfernen, je nach Modell mit 20, 24, 26 oder 27er-Nuss. Die SPV- oder TPC-Einheit herausnehmen und altes Öl ausgießen. Gabel mehrmals zusammenschieben und nochmals kippen, um Ölreste zu entfernen. Beim Einfüllen nur 5W-Öl verwenden und auf richtige Menge achten. Bei Black und Skareb ohne SPV beträgt der Ölstand 110 bis 120 Millimeter von der Oberkante des Standrohrs. Bei den Skareb-SPV-Modellen sind es 68 bis 72 (80 Millimeter Federweg) und 73 bis 77 Millimeter (100 Millimeter).

TIPP: SPV EINSTELLEN

Der SPV-Druck (rotes Ventil) in PSI sollte das 1,1 bis 1,5fache des Körpergewichts in Kilogramm betragen. Beispiel: 70 Kilogramm Fahrergewicht ergeben zwischen 77 und 105 PSI, bei 80 Kilogramm wären es 88 bis 120 PSI. Höherer Druck erhöht die Plattform-Dämpfung, das Bike wippt weniger, ist aber auch weniger soft im Ansprechverhalten. Weniger Druck verringert die Dämpfung. Mit dem roten Sechskant steuert man das SPV-Volumen: Zudrehen macht die Dämpfung von Mitte bis Ende härter (progressiv), Aufdrehen macht sie linear (am Ende weicher).

SO WARTET MAN EIN FULLSUSPENSION

Wenn der Dämpfer leckt und die Gelenke knacken, hat man das Fully vernachlässigt. Ein regelmäßiger kleiner Service verlängert das Leben des Fullys und erhöht eindeutig den Fahrspaß.

Die Tagestour hat gerade begonnen, da findet der Spaß auf der ersten Abfahrt ein jähes Ende. Der Dämpfer streikt, Öl quillt heraus. Und das fernab jeder Werkstatt. Das Fully wird zum ungedämpften Notfall. Kein Einzelfall, wie Langzeiterfahrungen beweisen. Unausgereifte Konstruktionen, miese Lagerungen und marode Stoßdämpfer können ein Fullsuspension zum Dauerpatienten machen. Fullsuspension ist daher für viele immer noch ein Synonym für großen Reparaturaufwand. Die Qualität der Lager ist je nach Modell, Preis und Herstellerphilosophie sehr unterschiedlich.

Vor allem beschichtete Gleitlager, in vielen Fullys der ersten Generationen verbaut, sind äußerst empfindlich. Presst man den Lagerbolzen unsachgemäß ein, verletzt man sehr schnell die Beschichtung. Ruckzuck ist das Lager vorgeschädigt. Auch das Motto »Viel hilft viel« trifft für Lager nicht generell zu. Allzu häufiges Schmieren bewirkt genau das Gegenteil. Das Schmiermittel zieht Schmutz an, vermischt sich damit und führt zum schleichenden Verfall des Lagers. Viele Gleitlager müssen und dürfen zum Teil gar nicht geschmiert werden. Vorsicht: Hypochonder, die ständig zerlegen und übermäßig fetten und ölen, pflegen das Bike zu Tode. Kränkelt das Lager, stellt sich sofort die Frage, ob sich das Rad ambulant zu Hause reparieren lässt oder ob es zur Intensivkur zum Händler muss. Ohne Spezialwissen und -werkzeug ist ein Lager schnell zerstört. Deshalb sollte man vor jedem Lagerausbau prüfen, ob man Spezialwerkzeug benötigt, das eigene Können ausreicht und alle Ersatzteile bereitliegen. Auf den folgenden Seiten ist die Wartung von Federgabel und Dämpferelementen er-

Unbedingt vermeiden: Dass die Stütze auf den Dämpfer schlägt.

Schutz: Besser als Neopren, das nass bleibt, ist ein Stück Schlauch.

DIE OPTIMALE LAGERPFLEGE FÜR JEDEN TYP

Fullsuspension-Lagerungen lassen sich nicht über einen Kamm scheren. Jeder der vier Typen bedarf einer speziellen Pflege.

WARTUNGSFREIE WÄLZLAGER

Wälzlager mit beidseitigen Abdeck- oder Dichtscheiben verfügen über eine Lebensdauer-Fettfüllung und gelten damit als wartungsfrei und sehr resistent gegen Schmutz. Schmieren ist nicht notwendig. Bei Versagen können Wälzlager nur komplett ausgetauscht werden. Beim Ersatzlager-Kauf unbedingt auf Typen mit Lippendichtung achten. Die sind daran zu erkennen, dass sie gummierte Dichtscheiben auf beiden Seiten aufweisen, beziehungsweise den Bezeichnungszusatz 2RS tragen.

ZERLEGBARE WÄLZLAGER

Offene oder zerlegbare Wälzlagerungen werden relativ selten verwendet. Ausgebaut kann man sie leicht reinigen und anschließend Schmierstoff injizieren. Mit speziellem Lagerfett macht man sie hinterher wieder voll einsatzfähig. Achtung: Dichtungssysteme immer auf Funktionstüchtigkeit prüfen, da sonst leicht Wasser und Schmutz eindringen kann. Vorteil: Wie gekapselte Lager lassen sie sich leicht austauschen.

SELBSTSCHMIERENDE GLEITLAGER

Eine besondere Beschichtung oder ein spezielles Lagermaterial, meist auf Kunststoffbasis, macht diese Gleitlager unabhängig von zusätzlicher Schmierung. Schmierung von außen zieht nur Dreck an, der das Lager schneller verschleißen lässt. Im schlimmsten Fall reagiert das Schmiermittel mit der Lagerschicht, was das sofortige Aus für das Lager bedeutet. Die Lagerbolzen sind bei Gleitlagern Reibpartner und speziell auf das jeweilige Lagermaterial abgestimmt. Bei Verschleiß sind daher meist auch die Lagerbolzen betroffen und müssen mit erneuert werden. Wegen der sehr empfindlichen Lager ist ein chirurgischer Eingriff fast nur mit Spezialwerkzeug zu bewerkstelligen.

GLEITLAGER

Gleitlagerbuchsen ohne Selbstschmiereigenschaften erfordern regelmäßige Pflege. Hier nur zerlegen, säubern und mit Lagerfett schmieren. Vorsicht bei Buchsen aus Kunststoff: Falscher Schmierstoff kann sich tödlich auswirken, wenn er den Kunststoff angreift. Unbedingt das vom Hersteller empfohlene Schmiermittel benutzen! Bei Erneuerung muss man auch die Lagerbolzen auf Verschleiß prüfen. Zum Austausch der Lagerbuchsen ist meist Spezialwerkzeug notwendig.
Wichtig: Ein gutes zusätzliches Abdichtungssystem.
Ein zäheres, wasserbeständiges Fett ist ideal.

läutert. Ansonsten hilft nur der Weg zum Händler oder zum Servicepartner der jeweiligen Marke. Ein voller Service kostet rund 100 Euro. Dafür ist danach der Dämpfer wie neu.

Viele Lagerprobleme lassen sich

Für jeden Rahmen gibt es unterschiedliche Buchsen. Messen Sie deren Breite. Der Bolzen entscheidet über den Innendurchmesser.

bereits präventiv vermeiden. Die beste Pflegeversicherung bietet dabei eine auf den Lagertyp abgestimmte Pflege (siehe Kasten). Fein raus sind die Besitzer von Fullys mit so genannten wartungsfreien Lagern. Dazu zählen Kugellager mit einer Lebensdauer-Fettfüllung und auch selbstschmierende Gleitlager. Die sind jedoch kein kollektiver Aufruf zum Nichtstun. Irgendwann siecht selbst ein wartungsfreies Lager dahin. Nach welcher Zeit hängt von Dimensionierung, Abdichtung und Pflege ab.

Sicherlich wäre ein Fully ideal, das über Jahre keinerlei Wartung bedarf. So ein Modell würde allerdings extrem teuer und schwer werden. Viele Hersteller empfehlen deshalb: Die Hinterbaulagerung unserer Räder ist zwar wartungsfrei, eine regelmäßige Überprüfung ist dennoch sinnvoll. Hier liegt der Knackpunkt. Ein regelmäßiger Check ist trotz Wartungsfreiheit enorm wichtig. So eignet sich Reinigen mit Wasser und Bürste von Hand auch gleichzeitig zur Untersuchung. Lose Schrauben, wacklige Lager, verbogene Achsen oder Risse fallen dabei auf. Sehr empfehlenswert ist es, nach der ausgiebigen Reinigung den Stoßdämpfer ganz auszubauen. Nun kann man den Hinterbau von Anschlag zu Anschlag bewegen. Knirschgeräusche deuten darauf hin, dass Fremdkörper zwischen den Gelenken sitzen. Auch Lagerspiel fällt deutlicher auf. Bewegt man sein Rad oft unter nassen Bedingungen, verkürzen sich die Pflegeintervalle. Ein Spritzschutz (Steckschutzblech oder Gummischlauch) leistet gute Dienste.

Ein Überzug aus Gummi kann den Dämpfer vor dem Schlimmsten bewahren. Denn Matsch entpuppt sich unter Umständen als leiser Killer. Wenn die Leistung des Dämpfers nachlässt, starker Ölnebel austritt oder gar Dämpferfluid herabtropft, gibt es keine Zweifel mehr: Die Dichtungen sind zerstört. Ursache Nummer eins: Schmutz und Verschleiß. Ursache Nummer zwei: eine starke Biegebelastung der Kolbenstange. Die tritt immer dann auf, wenn die Dämpfereinspannung zu stramm ist oder der Dämpfer gar fest sitzt. Meist hilft da nur noch der Austausch gegen ein neues Teil. Niemals sollte man versuchen, einen lecken Stoßdämpfer selbst zu zerlegen, außer es ist im Handbuch eindeutig beschrieben. Hoher Gasdruck im Inneren einiger Stoßdämpfer macht das Herumdoktern äußerst gefährlich.

Schäden an der Dämpferlagerung lassen sich dagegen selbst kurieren. Meist kommen kleine Gleitlagerbuchsen zum Einsatz, die genauso gepflegt werden wollen wie eine Hinterbaulagerung. Dabei bekämpft clevere Vorsorge Schäden schon an der Wurzel. Sauberkeit bedeutet auch für Dämpfer ein langes Leben. Doch Finger weg vom Hochdruckreiniger!

Besonderes Augenmerk bei der Inspektion verdient die Lagerung des Stoßdämpfers. Auf jeden Fall muss sie frei beweglich sein. Lecks oder gar verbogene Dämpferstangen sind sonst vorprogrammiert. Das nächste Augenmerk gilt dem Federvorspanngewinde. Wenn es sich nicht festfressen soll, hilft nur Sauberkeit und richtiges Schmieren. Bestens eignen sich so genannte Trockenschmiermittel auf Paraffinbasis. Solche Schmierstoffe sind Schmutz abweisend und erlauben so längere Pflegeintervalle.

TIPPS & TRICKS

WÄLZLAGER

- **Gekapselte Lager nur von außen reinigen, nie Hochdruckreiniger verwenden.**
- **Lagerung regelmäßig auf Leichtgängigkeit prüfen, dazu den Dämpfer ausbauen.**
- **Lagerungen mit Schmiernippel nach jeder Wasserfahrt neu abschmieren.**
- **Lagerung außerplanmäßig nur bei Defekten zerlegen.**
- **Lagerung beim Zusammenbau nicht verspannen.**

GLEITLAGER

- **Selbstschmierende Lager nicht oder nur nach den Herstellerangaben schmieren.**
- **Andere Gleitlager regelmäßig prüfen und schmieren.**
- **Lagerung regelmäßig auf ihre Leichtgängigkeit prüfen, dazu den Dämpfer ausbauen.**
- **Externe Dichtungen auf ihren richtigen Sitz prüfen.**

STOSSDÄMPFER

- **Befestigung regelmäßig auf Leichtgängigkeit prüfen.**
- **Dämpfereinstellung für Körpergewicht laut Handbuch beachten.**
- **Dem Fahrergewicht angepasste Federn verwenden.**
- **Gewinde zur Federvorspannung immer sauber halten.**
- **Darauf achten, dass beim Einfedern keine Rahmenteile am Dämpfer anschlagen können.**
- **Bei schlechter Witterung einen Dämpferüberzug verwenden.**

GABEL- UND DÄMPFERCHECK

Lockere Schwingenlager, ausgeschlagene Gabelbuchsen, quietschende Dämpfer – Probleme aus der Neuzeit des Mountainbikes. Die Federung bringt uns nicht nur Komfort, sondern auch Schraubarbeit.

Widmen wir uns zunächst der Gabel. Hier sollte sich der Aktionsradius des Hobbyschraubers auf Kontroll- und Wartungsarbeiten beschränken. Eingriffe in das komplizierte Innenleben einer Federgabel erfordern eine fundierte Ausbildung. Wichtigste Kontrollarbeit ist das Checken der Führungsbuchsen einer Gabel.

1 Sie verfahren dabei ähnlich wie beim Kontrollieren der Steuersatzlager: Umfassen Sie mit einer Hand die Verbindung zwischen Stand- und Tauchrohren. Ziehen Sie dabei die Bremse und ruckeln Sie das Bike hin und her. Wenn Sie deutliches Arbeiten der Rohrverbindungen spüren, müssen Sie die Gabelbuchsen austauschen lassen. Auch den Hinterbau Ihres Fullys sollten Sie von Zeit zu Zeit auf Leichtgängigkeit und Lagerspiel kontrollieren.

2 Das Spiel der Dämpferbuchsen prüfen Sie, indem Sie das Federbein auf einer Seite abschrauben und dann hin- und herbewegen. Funktioniert das recht schwergängig, schmieren Sie die Dämpferbuchsen mit Fett oder verändern Sie das Anzugsmoment der entsprechenden Schrauben. Zum Überprüfen des Lagerspiels am Hinterbau verfahren Sie ähnlich:

3 Demontieren Sie den Dämpfer einseitig und bewegen Sie den Hinterbau in Einfederungsrichtung sowie seitlich. Seitliches Spiel deutet bei gleitgelagerten Hinterbauten auf ausgeschlagene Lagerbuchsen hin. Industrielager können Sie etwas nachspannen. Schwergängige Hinterbauten lassen sich oft durch Reinigen und Schmieren wieder gängig machen. Doch achten Sie auf die Herstellerangabe: Manche Gleitlager dürfen nicht geschmiert werden! Bei industriegelagerten Schwingen variieren Sie die Spannung der Schrauben.

TROUBLESHOOTING FAHRWERK

PROBLEM	URSACHE
Hinterbau spricht schlecht an	1. Schrauben der Schwingenlager sind zu fest angezogen 2. Schwingenlager laufen trocken 3. Dämpfer sitzt zu fest in der Aufnahme
Hinterbau oder Dämpfer quietscht	Schwingen- oder Dämpferdrehpunkte laufen trocken
Hinterbau klappert und hat seitliches Spiel	1. Schwingenlager sind ausgeschlagen 2. Anzugsmomente der Schwingenlagerschrauben sind zu niedrig
Schlagende, metallische Geräusche vom Hinterbau	1. Dämpferbuchsen sind ausgeschlagen 2. Bei Stahlfederdämpfern: Stahlfeder sitzt zu locker 3. Dämpfer ist defekt (läuft ohne Öl)
Gabel klappert beim Bremsen, Tauchrohre verbiegen sich dabei nach hinten	1. Gabelbuchsen sind ausgeschlagen 2. Verschraubungen an der Gabel sind locker
Gabel oder Dämpfer macht beim Ein- oder Ausfedern schmatzende Geräusche	Verbrauchtes Öl in der Dämpfung

1

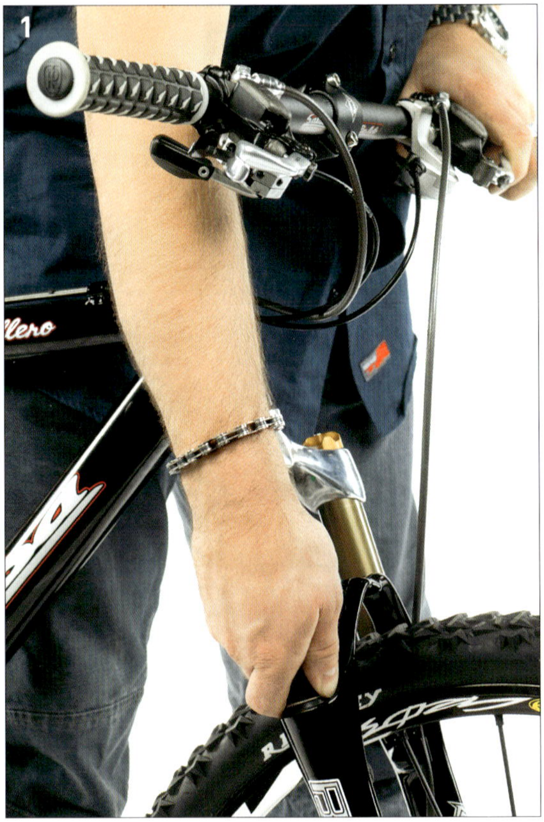

LÖSUNG

1. Anzugsmoment der Schwingenlager-Schrauben überprüfen (Drehmoment!)
2. Bei Gleitlagern: Lager demontieren und fetten
3. Befestigung des Dämpfers überprüfen, gegebenenfalls Anzugsmoment der Schrauben verringern

Schwingen- oder Dämpferdrehpunkte schmieren

1. Schwingenlager tauschen
2. Anzugsmomente der Lagerschrauben erhöhen

1. Buchsen tauschen
2. Federteller nachziehen
3. Dämpfer zur Reparatur geben

1. Neue Gabelbuchsen sind fällig: Geben Sie die Gabel zum Service in die Fachwerkstatt
2. Schrauben nachziehen (Drehmoment beachten)

Gabel oder Dämpfer braucht eine Generalüberholung und muss in die Fachwerkstatt

PROFI TIPP Gabeldichtung vorsichtig (!) weiten und auf die Buchsen von Zeit zu Zeit etwas Gabelöl auftragen. So bleibt die Gabelfunktion länger einwandfrei erhalten (Foto unten).

2

3

DÄMPFERPFLEGE

Immer in der Schusslinie: der Dämpfer am Heck des Mountainbikes. Ein regelmäßiger Service hilft ihm wieder auf die Sprünge.

1 GLEITBUCHSEN-PFLEGE

Erfahrungsgemäß treten Langzeit-Schäden an Dämpfern häufig auf – meist aufgrund vernachlässigter Pflege. Beispiel Dämpferaufhängung: Kugelgelagerte Dämpfer sind zwar keine Seltenheit mehr, dennoch drehen sich die meisten Federelemente in ihrer Aufhängung auf Gleitbuchsen. Wenn sie sich drehen – denn eingedrungener, feinster Schmutz verhindert dies oft wirkungsvoll. Die Folge: Übermäßige Biegebelastung der Kolbenstange und Zerstörung der Teflon-Gleitschicht im Dämpferauge. Zudem entstehen an den Drehpunkten oft nervige Knarzgeräusche. Etwa ein- bis zweimal pro Saison sollte man den Dämpfer ausbauen und die Lagerung reinigen. Nach Lösen des Sechs- oder Acht-Millimeter-Bolzens (1) den Dämpfer aus der Halterung heben (2). Wichtig: Die Verschlussmutter auf der Gegenseite ist in der Regel eine so genannte Stopp-Mutter. Man erkennt sie an dem farbigen Kunststoffring am oberen Gewindeende. Dieser drückt sich beim Anziehen der Mutter in das Gewinde der Schraube und sichert sie gegen selbstständiges Lösen. Aber nur ein Mal! Deshalb muss beim Wiedereinbau eine neue Mutter mit unversehrtem Ring verwendet werden. Auch wenn man bespielsweise nur die Feder tauschen möchte. Die Buchsen lassen sich meist mit der Hand aus dem Auge ziehen (3). Falls sie fester sitzen, einen kleinen Schraubendreher als Hebel zu Hilfe nehmen. Nach dem Reinigen der Gleitflächen (4) die Buchsen mit einem dünnen, Lithium-freien Fett (zum Beispiel Gold-Slick) wieder einsetzen (5 und 6). Vorsicht: Leichtbau ist am Bolzen tabu! Nur Stahl ist den Belastungen gewachsen.

1

2

3

4

5

6

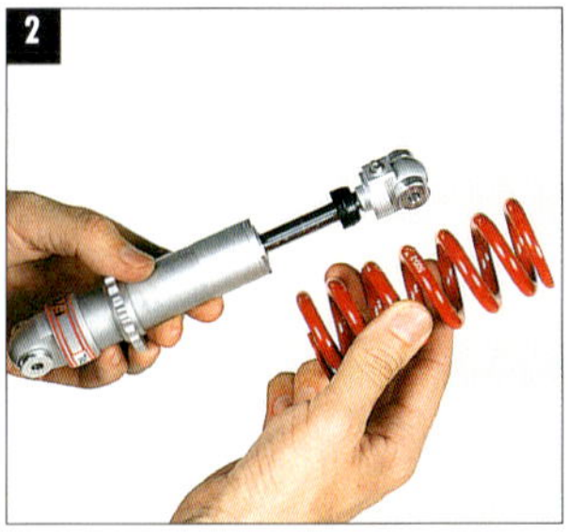

CHECK DER KOLBENSTANGE

Bei Stahlfeder-Elementen liegt die Kolbenstange unter der Spiralfeder. Um die Stange zu inspizieren, baut man am besten den Dämpfer komplett aus, wie beim Tausch der Feder für ein anderes Setup. Bei vielen Dämpfern muss man den Kopf der Verstellschraube für die Dämpfung entfernen, um die Feder abzustreifen (1). Tipp: Regelmäßig Kriechöl in den Sitz der Schraube schmieren garantiert leichten Lauf der Verstellung. Die Vorspannung lösen, bis die Feder lose ist und sich der geschlitzte Federteller oben herausnehmen lässt. Feder nach oben abziehen (2). Der schwarze Ring am Austritt der Kolbenstange ist nicht die Hauptdichtung, sondern ein Schmutzabstreifer, den man säubern kann (3). Ein dünner Ölfilm auf der Stange ist normal. Und: Ein Fettfilm auf Vorspannschraube und Gewinde beugt Geräuschen vor und sichert Verstellbarkeit (4).

LUFTDÄMPFER

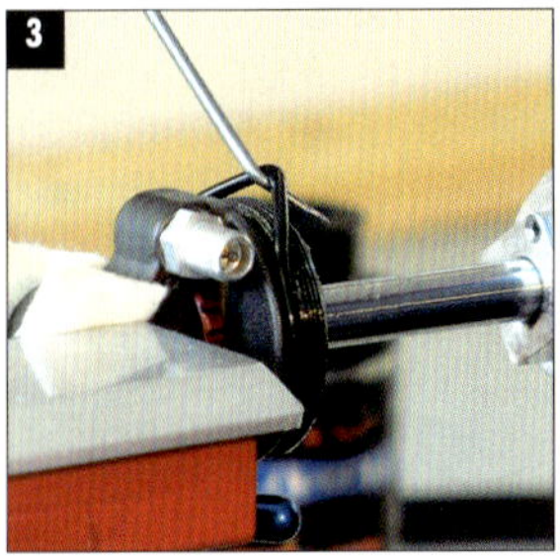

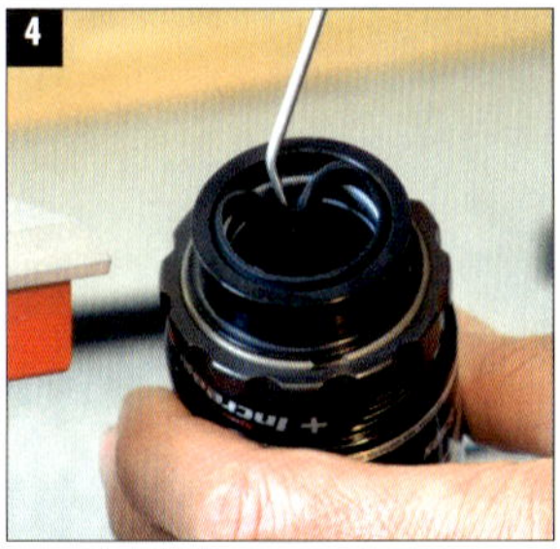

Wer die Dichtungen seines Fox-Luftdämpfers regelmäßig tauscht, vergrößert Lebensdauer und Fahrspaß. Vor allen Arbeiten komplett die Luft aus dem Dämpfer ablassen! Mit Filz in den Schraubstock spannen. Luftkammer gegen Uhrzeigersinn aufschrauben und nach hinten abziehen (1). Mit einer Nadel vorsichtig (!) den so genannten Quadring und die Teflongleitringe entfernen (2), ebenso den O-Ring (3). Dann den Dämpfer mit Bremsen- oder Kaltreiniger absprühen und abwischen. Den Quad- und Gleitring der Luftkammer entfernen (4). Die neuen eingefetteten Ringe und Dichtungen einsetzen (5) und nochmals (nicht zu stark) einfetten, am besten mit RSP Ultraslick (6). Auch einen neuen O-Ring, eingefettet, (siehe 3) einsetzen. Genauso mit den neuen Quad- und Gleitringen (siehe 2) verfahren.

Die Luftkammer dann mit einer vorsichtigen Drehbewegung nach rechts wieder auf den Dämpfer montieren (7). Luftkammer im Uhrzeigersinn wieder aufschrauben. Darauf achten, dass das Feingewinde richtig greift (8). Dämpfer nochmals mit Kaltreiniger von außen säubern. Dann auf gewünschten Luftdruck aufpumpen und Ventil mit Stahlkappe verschließen.
TIPP: Um die Dichtheit zu prüfen, einfach Dämpfer auf 15 Bar aufpumpen und in ein Wasserbad legen.

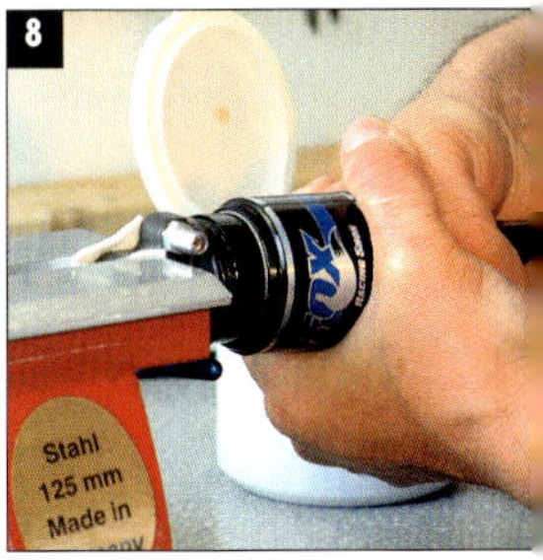

ALLE TRICKS ZUR FAHRWERKSABSTIMMUNG

Das beste Fully wird zur lahmen Ente, wenn die Fahrwerksabstimmung nicht passt. Mit ein paar Tricks holen Sie das Optimum aus Ihrer Federung heraus – auch ohne Physikstudium.

Druckstufe, Zugstufe, Federbasis, Vorspannung, Losbrechmoment – immer mehr schwer verständliche Fachausdrücke sorgen in den Köpfen von Fully-Fahrern für Verwirrung. Besonders hochwertige Geräte besitzen meist eine Vielzahl an Knöpfen, Schrauben, Einstellrädchen und Ventilen zum individuellen Tuning des Fahrwerks. Wer ohne Vorwissen einfach drauflosschraubt, erlebt oft herbe Enttäuschungen. Ein schlecht eingestelltes Fahrwerk macht aus den Vorteilen des Fullys handfeste Nachteile. Meist machen Fullsuspension-Neulinge den Fehler, die Federung viel zu hart einzustellen. Folge: Vom erhofften Fahrkomfort ist nichts zu spüren, harte Schläge beim Downhill schießen genauso unbarmherzig ins Kreuz wie beim alten Hardtail. Das einzige, was man in diesem Fall von der neuen Wunderwaffe spürt, ist das höhere Gewicht.

Nun gibt es verschiedene Wege zum perfekt eingestellten Fahrwerk. Der erste und preisgünstigste: Man kauft ein Bike mit möglichst wenig Einstellmöglichkeiten. Fullys zwischen ein- und zweitausend Euro besitzen meist ab Werk eine ziemlich vernünftige Grundabstimmung, die sich allerdings nachträglich kaum mehr verändern lässt. Möglichkeit Nummer zwei: Die Leute vom heimischen Bikeshop verstehen etwas von Abstimmung und nehmen beim Kauf ein individuelles Tuning vor – wohl dem, der einen wirklich kompetenten Bikeshop in seiner Nähe hat. Dritte und sinnvollste Möglichkeit: Man lernt, die physikalischen Zusammenhänge im Fahrwerk des Bikes zu verstehen.

Im Grunde dreht sich beim Fahrwerkstuning alles um die Harmonie zwischen Federung und Dämpfung. Doch diese Begriffe werden häufig verwechselt. Wenden wir uns zunächst der Federung zu. Physikalisch betrachtet ist die Federung ein Energiespeicher. Stößt das Rad auf ein Hindernis, federt die Gabel (Federbein) ein. Das Federelement (Stahlfeder, Luft oder Elastomer) speichert den Stoß als so genannte potenzielle Energie. Beim Ausfedern gibt es die gespeicherte Energie in Form von Bewegungsenergie wieder ab. Die Federung trennt die Gesamtmasse (Fahrzeug und Fahrer) in

SETUPS IM VERGLEICH

***Obere Grafik:** Hier ist die Zugstufendämpfung zu weich eingestellt. Die ungefederten Massen (Räder) können den Bodenunebenheiten zwar schnell genug folgen. Durch die geringe Dämpfung schaukelt sich das Fahrwerk allerdings auf, die Reifen verlieren Bodenkontakt und damit Traktion. Die gefederte Masse (Rahmen, Fahrer) schwingt unruhig auf und ab.*
***Untere Grafik:** Hier ist die Dämpfung perfekt abgestimmt. Die Reifen folgen den Schlägen präzise und kleben auch danach förmlich am Boden. Das Fahrwerk wippt nicht nach, und der Fahrer bleibt weitgehend von unnötigen Schlägen verschont.*

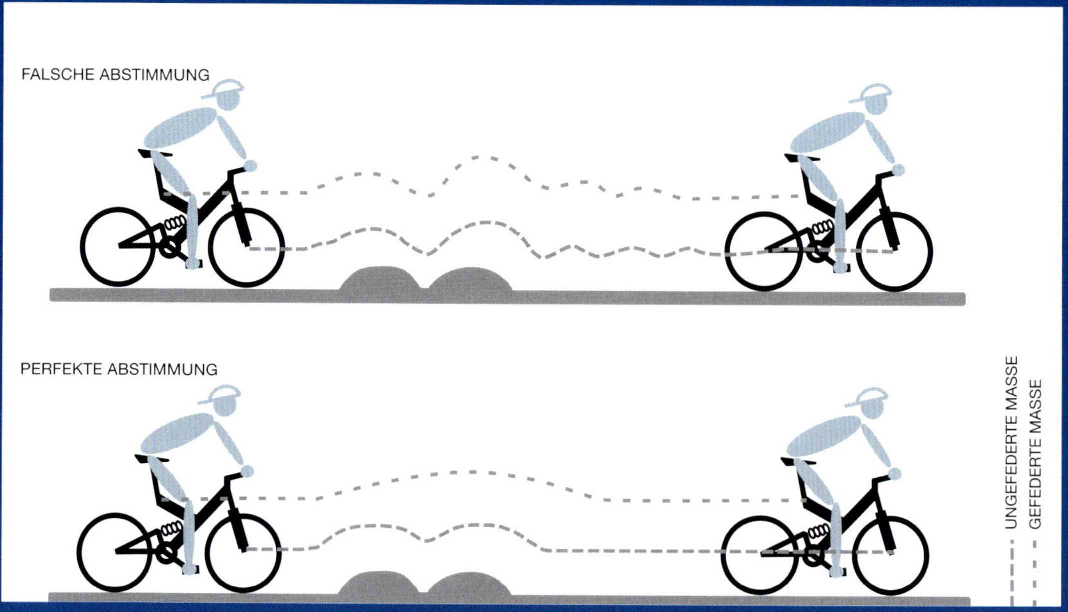

die gefederte Masse (Hauptrahmen und Fahrer) und die ungefederte Masse (Räder). Die ungefederte Masse soll der Bodenbeschaffenheit exakt und schnell folgen, die gefederte Masse soll möglichst wenig von den Schlägen abbekommen. Das bringt zwei entscheidende Vorteile. Erstens: Fahrkomfort, weil die Schläge nicht unmittelbar an den Fahrer weitergeleitet werden. Zweitens: Bessere Traktion, weil die Räder im rauen Gelände länger Bodenkontakt behalten. Besonders wichtig für die Traktion ist der Negativ-Federweg (englisch: Sag). Das ist der Teil des Hubs, um den die Federung schon beim Aufsitzen eintaucht. Ohne Sag könnte eine Federung zum Beispiel bei plötzlichen Schlaglöchern nicht in das Bodenloch hineinfedern. Für den Cross Country-Einsatz sollte der Sag vorne und hinten etwa 15 bis 20 Prozent des Gesamtfederweges betragen. Für den Freeride- und Downhill-Einsatz stellt man den hinteren Dämpfer aufgrund der starken Gewichtsverlagerung nach vorne mit einem Sag von bis zu 40 Prozent ein. Bei Stahlfederdämpfern (und Gabeln) reguliert man den Sag mit der Federhärte und der Vorspannung. Wichtig: Die Vorspannung dient nur der Feinjustage und ersetzt keinesfalls eine härtere Feder. Muss man die Vorspannungsschraube am Dämpfer für den korrekten Sag um mehr als fünf Umdrehungen zudrehen, braucht man dringend eine härtere Feder. Beim Kauf eines Fullys ist es Sache des Bikeshops, die Federhärte zu überprüfen und die Spirale gegebenenfalls gegen eine härtere oder weichere zu tauschen. Bei Luftdämpfern ist die Sache einfacher: Hier gibt es keine Vorspannung, die Federhärte lässt sich stufenlos über den Luftdruck einstellen. Bei den meisten Federgabeln liegen die Einstellschrauben für die Vorspannung oberhalb der Gabelbrücke auf den Standrohren. Zur korrekten Einstellung des Sag muss man erst einmal den Federweg vorne und hinten genau ermitteln. Bei Luftfederelementen ist dies eine einfache Sache, bei Federbeinen mit Stahlfedern wird es schwieriger. Hier kommt man um Schraubaktionen nicht herum, wie auf den folgenden Seiten genau beschrieben.

Bei Luftdämpfern ist der Druck zur Abstimmung entscheidend. Folgen Sie den Richtlinien des Herstellers, die für Ihr Gewicht angegeben sind.

Wie bereits erwähnt, ist eine Feder nichts anderes als ein Energiespeicher. Einmal in Bewegung, hat sie die Eigenschaften eines Flummies. In der Praxis heißt das: Mit der Federung alleine würde das Bike nach jedem Stoß etliche Male auf- und abschwingen, bis wieder Ruhe ins Fahrwerk kommt. Die unangenehmen Folgen kennt man von Autos mit defekten Stoßdämpfern: Das Fahrzeug schaukelt sich gefährlich auf, die Reifen verlieren Bodenkontakt und damit Traktion.

LEXIKON

- **FEDERUNG:** Die Federung ist ein Energiespeicher. Beim Einfedern speichern die Federelemente so genannte potenzielle Energie, die sie beim Ausfedern in Form von Bewegungsenergie wieder abgeben. Die am häufigsten verwendeten Federelemente sind Stahlfedern, Elastomere und Luft.
- **DÄMPFUNG:** Die Dämpfung bremst den Ein- und Ausfederungsvorgang ab. Als Dämpfungselement in Gabeln und Federbeinen arbeitet meist Öl. Beim Federungsvorgang presst ein Kolben Öl durch enge Bohrungen (Ventile) und verringert so die Federgeschwindigkeit.
- **DRUCKSTUFENDÄMPFUNG:** Die Druckstufe regelt die Geschwindigkeit beim Einfedern eines Federelementes.
- **ZUGSTUFENDÄMPFUNG:** Die Zugstufe regelt die Ausfedergeschwindigkeit des Federelements.
- **NEGATIVFEDERWEG:** Auch Sag genannt. Gibt an, wie weit das Federelement bereits beim Aufsitzen des Fahrers einfedert. Er dient dazu, das Rad auch dann am Boden zu halten, wenn es in eine Vertiefung taucht. Wichtig für die Grundeinstellung.
- **ANSPRECHVERHALTEN:** Je sensibler eine Federung arbeitet, desto besser ist das Ansprechverhalten.
- **LOSBRECHMOMENT:** Ansprechverhalten einer Federung zu Beginn des Federweges. Je geringer es ist, desto sensibler arbeitet die Federung.

Hier kommt die Dämpfung ins Spiel: Der Dämpfer bremst das aufschwingende Fahrwerk ab. Physikalisch gesehen wandelt der Dämpfer die Bewegungsenergie der Federung in Wärme um. Die Federbewegung teilt sich dabei in zwei Phasen: das Einfedern und das Ausfedern. Im Fachjargon spricht man beim Einfedern von Druckstufendämpfung und beim Ausfedern von Zugstufendämpfung. Die Druckstufendämpfung hat die Aufgabe, die Feder insofern zu unterstützen, als dass das Fahrwerk des Rads nicht durchschlägt. Sie trägt also wenig zur besseren Traktion des Fahrwerks bei. Viel wichtiger hierfür ist die Zugstufendämpfung. Sie leistet den entscheidenden Beitrag für die Traktion und die Fahrsicherheit. Die Zugstufe soll das Rad nach einem Schlag am Boden halten. Ist die Zugstufe zu weich, verliert der Reifen Bodenkontakt und das Bike schaukelt sich auf. Ist sie zu hart, kann das Fahrwerk besonders bei harten, schnellen Schlägen nicht schnell genug wieder ausfedern. Folge: Die Federung taucht immer weiter ein und verhärtet sich. Die optimale Dämpfungseinstellung für jedes Gelände und jeden Fahrertyp gibt es leider nicht. Probieren geht hier über studieren – und zwar auf einer exakt definierten Testrunde. Der Parcours sollte möglichst alle Geländeformationen aus dem wahren Leben enthalten: kurze, schnelle Schläge in Form einer Waschbrettpiste oder einer Wurzelpassage, lang gezogene Bodenwellen, steile Bergab-Passagen mit anschließender Kompression, einen Schotterweg, einen Sprung. Zunächst stellt man alle Dämpfungs-Justierschrauben auf die weichste Stufe. Danach ist Fleißarbeit und etwas Kondition angesagt: Man durchfährt den Parcours mehrmals mit möglichst gleich bleibender Geschwindigkeit und versucht dabei, die Reaktionen des Fahrwerks zu erfühlen. Zwischen den Runden verändert man nach und nach die Dämpfung. Gehen Sie dabei Schritt für Schritt vor, verändern Sie also pro Runde immer nur eine Einstellung. Weiterhin wichtig: Federung und Dämpfung sollten vorne und hinten etwa gleichmäßig funktionieren, also gleiche Vorspannung, und ähnliche Dämpfungsabstimmung haben. Viele Fahrwerksprobleme rühren von einem unausgewogenen Verhältnis zwischen Hinterbau und Federgabel. Bei der Einstellung der Dämpfung beginnen Sie am besten mit der Druckstufe: Sie dient ausschließlich dazu, die Feder zu unterstützen und Durchschläge zu verhindern. Je härter die Druckstufendämpfung, desto träger reagiert die Federung auf harte Schläge – der Fahrkomfort verschlechtert sich mit jeder Umdrehung des Einstellrädchens. Also gilt besonders für die Druckstufe: so weich wie möglich, so hart wie nötig. Wenn die Federhärte passt, reicht es meistens, das Einstellrad für die Druckstufe auf die weichste Stufe zu stellen. Und noch etwas: Das Fahrwerk ist dann korrekt eingestellt, wenn die Federung auf dem Testparcours genau einmal durchschlägt. Jetzt geht es an die Zugstufendämpfung. Ein probates Mittel zur Grobeinstellung: Man rollt im Sattel sitzend eine Bordsteinkante hinunter und zählt, wie oft das Fahrwerk nach dem Einfedern

Simpel, aber effektiv: Den Bordstein hinunterfahren. Dabei dürfen Federgabel und Schwinge einmal nachwippen, dann muss wieder Ruhe im Fahrwerk herrschen. Spielen Sie so lange mit der Zugstufe, bis es passt.

TIPPS & TRICKS

- **Oberste Grundregel bei der Fully-Abstimmung: Schritt für Schritt vorgehen. Verändern Sie zwischen den Testrunden nie mehrere Einstellungen gleichzeitig, sonst gibt's Verwirrung.**
- **Die Kunst bei der Abstimmung besteht in der Ausgewogenheit zwischen Federung und Dämpfung. Vordere und hintere Federelemente müssen dabei gleichmäßig eingestellt sein.**
- **Mehr Vorspannung ist nicht gleichbedeutend mit einer härteren Feder. Eine stark vorgespannte Feder verändert nichts an der Federcharakteristik, sondern verschlechtert nur das Ansprechverhalten. Muss man die Feder zu stark vorspannen, hilft nur eine härtere Ausführung.**

TROUBLESHOOTING – SO BESEITIGEN SIE FEHLER

Kleine Ursache, große Wirkung. Mit ein paar Tricks bringen Sie die Federung auf Vordermann und entlocken Ihrem Fullsuspension noch bessere Fahreigenschaften. Hier die häufigsten Gründe, warum das Bike bockt, und die Gegenmaßnahmen.

Die Federung taucht stark ein und schlägt oft durch. Die Federung ist zu weich.

Bei Luftfederbeinen den Luftdruck erhöhen. Bei Stahlfederbeinen die Federvorspannung erhöhen.
Vorsicht: Durch die Verstellung der Vorspannung lassen sich die Dämpfer nur bedingt an das Gewicht des Fahrers anpassen. Zu starkes Zudrehen verschlechtert das Ansprechverhalten und erhöht das Losbrechmoment. Da helfen härtere Federelemente.

Die Federung spricht schlecht an, der Federweg lässt sich nicht ausnutzen.

Die Federung ist zu straff für Ihr Köpergewicht. Lassen Sie etwas Luft aus dem Federbein, oder nehmen Sie Vorspannung zurück. Ist die Feder dann immer noch zu hart, wechseln Sie auf eine weichere. Weitere Ursache: zu straffe Druckstufe. Checken Sie beide Möglichkeiten.

Die Federung taucht bei schnellen, kurzen Schlägen immer weiter ein und kommt zu langsam wieder heraus.

Dieses Phänomen tritt oft auf Waschbrettpisten, Schotter und Wurzeltrails auf. Ursache: zu straffe Zugstufendämpfung. Drehen Sie die Einstellschraube der Zugstufendämpfung etwas heraus. Die Einstellung ist korrekt, wenn das Bike schnelle Schläge schluckt und dabei nicht unruhig wird.

Das Fahrwerk wird bei schneller Fahrt unruhig. Auf langen Bodenwellen verlieren die Reifen Bodenkontakt.

Die Zugstufendämpfung ist zu weich, das Fahrwerk federt zu schnell aus. Drehen sie die Zugstufe in kleinen Schritten weiter zu und durchfahren Sie immer wieder diesen Streckenabschnitt. Die Einstellung ist optimal, wenn sich das Fahrwerk regelrecht am Boden festsaugt.

Die Federung verhärtet sich besonders bei kurzen, schnellen Schlägen.

Zu harte Druckstufe. Besitzt das Federbein oder die Gabel eine einstellbare Druckstufe, drehen Sie die Einstellschraube weiter heraus. Ansonsten: Wechseln Sie auf ein anderes Federbein, oder schicken Sie es zu einem Spezialisten für Dämpfer.

Während der Hinterbau alles glatt bügelt, ist das Bike vorne hart und nervös.

Dieses unausgewogene Fahrverhalten tritt ein, wenn Gabel und Hinterbau in punkto Federweg und/oder Dämpfungscharakteristik schlecht aufeinander abgestimmt sind. Beispiel: Elastomergabel mit sechs Zentimetern Federweg, leistungsfähiger Hinterbau mit Stahlfederbein und zwölf Zentimetern Federweg. Abhilfe: Für viele Gabeln gibt es Long-Travel-Kits für größere Federwege. Auch der Einbau von Stahlfedern in die Gabel kann helfen.

Das Fahrwerk wird hinten plötzlich unruhig und wippt.

Der Dämpfer ist vermutlich undicht. Kontrollieren Sie das Federbein auf Ölspuren, vor allem an der Kolbenstange. Wenn Sie keine Ölspuren finden, bauen Sie das Federbein aus und entfernen Sie die Stahlfeder. Prüfen Sie den Widerstand des Dämpfers durch Hin- und Herschieben der Kolbenstange. Ist kaum Widerstand zu spüren – ab in die Werkstatt.

Das Bike fühlt sich in Kurven schwammig an, als wäre zu wenig Luft im Reifen.

Diese Symptome deuten auf zu starkes Lagerspiel an der Hinterbauschwinge hin. Prüfen Sie das Lagerspiel, und lassen Sie die Lager gegebenenfalls erneuern.

Der Hinterbau oder die Gabel spricht nicht mehr so sensibel an wie früher.

Vermutlich sind die Lager in der Gabel oder im Hinterbau stark verschmutzt. Bauen Sie den Dämpfer aus und/oder entfernen Sie die Federelemente aus der Gabel. Bewegen Sie nun den Hinterbau und/oder die Gabel hin und her. Funktioniert diese Bewegung nur mit größerem Kraftaufwand, müssen die Lager gereinigt und gefettet werden. Wichtig: Beachten Sie die Gebrauchsanleitung des Herstellers!

nachwippt. Wippt es mehrmals auf und ab, ist die Zugstufe zu weich eingestellt. Drehen Sie die Einstellschraube so lange zu, bis die Federung genau einmal nachwippt. Die Feineinstellung erfolgt dann nochmals auf dem Testparcours nach dem Try-and-Error-Verfahren: Eine zu harte Zugstufe ist schuld, wenn die Federung den schnellen Schlägen der Waschbrettpiste nicht folgen kann. Das Fahrwerk sackt immer mehr ein, verliert an Federweg und wird unkomfortabel. Der umgekehrte Fall: Ist die Zugstufe zu weich, verhält sich das Fahrwerk bei langen Bodenwellen unruhig. Durch die Spannkraft der Federn verlieren die Reifen den Bodenkontakt. Mit diesen Tipps muss man zwar ein wenig Zeit investieren, nähert sich aber Schritt für Schritt seinem op-

DÄMPFER WECHSELN

Wenn Ihr Dämpfer defekt ist oder nicht mehr Ihren Ansprüchen genügt, muss ein neues Modell in den Rahmen. Auch wenn sich trotz aller Einstellungstricks das Heck nicht auf Ihr Gewicht abstimmen lässt, sollte man einen Neukauf erwägen. Auf diese vier Kriterien kommt es beim Einbau an:

1. EINBAULÄNGE Die Einbaulänge ist durch die Konstruktion Ihres Rahmens vorgegeben. Ist der Dämpfer kürzer als der vorherige, wird der Sitzwinkel des Bikes flacher. Nur bei Rahmen mit variabler Aufhängung bleibt bei diesem Maß etwas Spielraum.

2. EINBAUBREITE Dieses Maß mit der Schieblehre nachmessen und unbedingt passende Hülsen verwenden. Mit Unterlegscheiben auszugleichen ist Pfusch.

3. HUB Auch bei identischer Einbaulänge kann sich der Hub von Dämpfern unterscheiden. Der Hub bestimmt, je nach Übersetzungsverhältnis, den Federweg des Hinterbaus. Falls sich der Federweg durch das neue Dämpfermodell vergrößert, unbedingt prüfen, ob der Hinterbau nirgendwo am Rahmen anschlägt!

4. BOLZENDURCHMESSER Die Befestigungsbolzen gibt es ebenfalls in unterschiedlichen Durchmessern (sechs oder acht Millimeter). Achtung: Die Bolzen sollten in der Mitte kein Gewinde haben, um sich nicht ins Alu der Hülsen zu fressen.

SO STELLT MAN DEN NEGATIVFEDERWEG EIN

Der Negativfederweg muss auf Fahrergewicht und Einsatzbereich abgestimmt werden. Dies ist eine der Grundeinstellungen am Fullsuspension.

1+2. Messen Sie zunächst den Abstand vom Sattelende zur hinteren Achse im unbelasteten Zustand. Setzen Sie sich jetzt in neutraler Position aufs Bike. Eine zweite Person nimmt die gleiche Messung im belasteten Zustand vor.

Lehnen Sie sich bei dieser Messung zur Abstützung am besten gegen eine Wand.

3. Entfernen Sie jetzt das Federbein und demontieren Sie die Stahlfeder. Dazu müssen Sie das Federbein aus der Verankerung nehmen, die Vorspannungsschraube lösen und den Gegenhalter für die Feder entnehmen. Setzen Sie dann den Dämpfer ohne die Feder wieder ein.

4. Jetzt können Sie den möglichen Gesamt-Federweg messen. Bauen Sie nach den Messungen die Stahlfeder wieder ein, und montieren Sie nun den Dämpfer. Diese Methode ist zwar etwas aufwändig, doch

1 Einbaulänge
2 Einbaubreite vorne/hinten
3 Hub
4 Bolzendurchmesser sechs Millimeter oder acht Millimeter

nur so lässt sich bei Hinterbauten mit Stahlfeder-Dämpfern der echte Federweg auch zuverlässig messen. Der Negativfederweg sollte dann für den Cross Country-Einsatz etwa 15 bis 20 Prozent betragen, für den Freeride- und Downhill-Einsatz stellt man bis zu 40 Prozent des Gesamt-Federweges ein.

5. Wesentlich einfacher ist die Federwegmessung an Teleskopgabeln und Luft-Federbeinen. Hier hilft die altbewährte Kabelbinder-Methode. Zum Ermitteln des möglichen Gesamt-Federweges schraubt man die oberen Verschlusskappen der Gabel auf, bei Luft-Feder-Gabeln lässt man einfach die Luft ab. Den Federweg dann mit einem Marker kennzeichnen.

6. Mit der Vorspannschraube der Stahlfeder (oben) stellen Sie, wie in 4. beschrieben, den Negativfederweg für Ihr Körpergewicht und den Einsatzbereich ein.

RUND UM DAS LAUFRAD

Stabil, haltbar und gleichzeitig leicht: Laufräder müssen viele Gegensätze vereinen und im Gelände jede Menge einstecken. So findet man das beste Laufrad und behebt leichte Schäden selbst.

Aus der Wahl seiner Laufräder kann man eine eigene Philosophie gestalten: Leichtbaufreaks wollen vor allem Gewicht an den Laufrädern sparen, denn die Physik beweist, dass rotierende Massen am meisten Energie beim Beschleunigen schlucken. Tourenfahrer wollen möglichst stabile Laufräder, aber bitte auch nicht zu schwer, damit die Höhenmeter nicht noch anstrengender werden. Downhiller und Freerider legen Wert auf Unzerstörbarkeit und Pannensicherheit. Hier gibt's inzwischen überbreite Felgen und entsprechende Naben mit größeren Durchmessern für die dicken Federgabelmonster.

Neben der üblichen Praxis, im Shop Naben, Felgen und Speichen einzeln auszuwählen und montieren zu lassen (selbst einspeichen ist nur etwas für Leute mit Zeit, Geduld und Perfektionismus), gibt es nun immer mehr Anbieter von Komplettlaufrädern, bei denen alle Komponenten aufeinander abgestimmt sind. Große Firmen wie Mavic und Shimano bauen eigene Kompletträder, auch die Schweizer DT Swiss bieten Komplettlösungen an. Spezialisten wie der Leichtbaumeister Uli Fahl (Firmenname tune) nehmen sich bewährte Felgen und kombinieren sie mit eigenen Naben als Tuningteile zu wahren Gewichtswundern. 615 Gramm für ein komplettes Vorderrad und 715 Gramm fürs Hinterrad sind echte Rekordzahlen, die jeden Serienhersteller unterbieten. Um die 900 Gramm für vorne und rund 1100 Gramm für hinten sind im Schnitt schon sehr gute Werte. Alles, was darunter liegt, spürt leider der Geldbeutel erheblich, denn die Leichtgewichte liegen durchschnittlich zwischen 160 Euro (z. B. Mavic) und rund 1300 Euro (z. B. Carbonräder von Spinergy oder Zipp).

Die gern verbreitete Annahme, Carbon-Laufräder seien leichter und steifer, wird durch Tests wie sie das BIKE-Magazin auf einem eigens gebauten Prüfstand durchführte, nicht bestätigt. Zwar liegen die Felgen von Spinergy oder Zipp im oberen Bereich der Vergleichswerte bei der Steifigkeit, sie bringen aber keine entscheidenden Gewichtsvorteile mehr auf die Waage. Und ein Beschleunigungstest offenbart, dass zuerst das Gesamtgewicht entscheidend ist und erst an zweiter Stelle die Verteilung der Massen. Je mehr Ge-

TROUBLESHOOTING LAUFRAD

PROBLEM	URSACHE	LÖSUNG
Felgenbremse schleift rhythmisch an der Felgenflanke	Laufrad hat einen Seitenschlag	Laufrad nachzentrieren, bei starkem Seitenschlag Werkstatt aufsuchen
Laufrad läuft unrund, deutliches Holpern spürbar	Laufrad hat einen Höhenschlag	Selbst zentrieren ohne Spezialwerkzeug ist schwierig, unbedingt Werkstatt aufsuchen
Beim Überprüfen der Speichenspannung stellen Sie lockere oder gerissene Speichen fest	Dieses Problem tritt häufig unter der starken Belastung von Scheibenbrems-Laufrädern auf	Bei lockeren Speichen: festziehen und nachzentrieren. Bei gerissenen Speichen: austauschen und nachzentrieren
Felgenbremse ruckelt rhythmisch an der Felge	Felgenflanke hat einen Schlag abbekommen	Felgenflanke vorsichtig gerade biegen
Felgenflanke hat eine deutlich konkave Ausformung	Felge verschlissen	Mindestwandstärke der Felgenflanke prüfen, gegebenenfalls Felge tauschen
Laufrad weist seitliches Spiel auf, Geräusche in der Nabe	Achse hat Spiel in der Nabe	Nabenkonus nachjustieren (bei Shimano-Naben), sonst gegebenenfalls Industrielager tauschen
Achse lässt sich von Hand schwer drehen und läuft ruppig	Nabenlager läuft trocken oder Lager verschlissen	Bei Shimano-Naben mit Konus-Lagern: Erst Lager fetten; wenn das nichts hilft, Nabe tauschen. Bei Industrielagern: Lager tauschen.
Reifen eiert, obwohl Laufrad optimal zentriert ist	Reifen sitzt nicht sauber im Felgenbett oder Reifen ist ungenau gefertigt	Reifen neu montieren. Oft tritt das Problem auch bei unsauber gefertigten Reifen auf. Dies ist ein Reklamationsgrund.

REIFEN MONTIEREN

Ein fachgerecht montierter Reifen kann Sie vor mancher Reifenpanne bewahren. Denn wenn der Pneu nicht sauber im Felgenbett sitzt, kann er den Schlauch einklemmen und beschädigen. Achten Sie vor allem bei der Demontage peinlich genau darauf, dass der Schlauch nicht beschädigt wird.

Lassen Sie zunächst so viel Luft wie möglich aus dem Reifen, schrauben Sie die Ventilschraube ab, und drücken Sie das Ventil nach innen. Kneten Sie jetzt den Reifen auf beiden Seiten ins Tiefbett der Felge.

1 Setzen Sie den Reifenheber gegenüber des Ventils an. Hebeln Sie den Reifen vorsichtig an einer Stelle über die Felgenflanke. Die meisten Reifenheber lassen sich an einer Speiche fixieren. Jetzt kommt der zweite Reifenheber im Abstand von etwa 20 Zentimetern ins Spiel und wird entlang der Felge geschoben. Jetzt sollte der Reifen leicht von der Felge flutschen.

2 Reifen montieren: Ziehen Sie den Reifen erst auf einer Seite auf. Pumpen Sie den Schlauch nur ein wenig auf, und legen Sie ihn in den Reifen. Kneten Sie nun die andere Seite des Reifens über die Felgenflanke. Pumpen Sie nun den Reifen nicht gleich ganz voll. Walken Sie zwischendurch Reifen und Schlauch immer wieder zwischen den Händen. So gehen Sie sicher, dass der Schlauch richtig sitzt.

PROFI TIPP

Talkum oder Puder zwischen Reifen und Schlauch (Bild 3) verhindert Platten. Denn so kann der Reifen wandern, ohne den Schlauch mitzunehmen, und das Ventil wird nicht abgerissen.

wicht außen liegt, desto mehr Kraft braucht man für die Beschleunigung. Leichte Laufräder machen also nur Sinn, wenn man sie mit leichten Reifen kombiniert, sonst verschenkt man die teuer bezahlten Vorteile wieder.

Wer neue Felgen anschaffen will, sollte Folgendes beachten: Die Felge ist zum einen ein tragendes Bauteil am Mountainbike. Gleichzeitig dient es – bei Felgenbremsen – als Teil der Bremseinheit. Gerade bei Nässe und bei matschigen Bedingungen nutzen sich Felgen durch das Bremsen stark ab. Also sollte man an dieser Stelle nicht sparen, sondern gute Qualität kaufen. Stabile, unempfindliche Felgen tragen zur Fahrsicherheit bei und sind weniger pannenanfällig. Wer ständig nachzentrieren muss, weil die Felge zu weich und die Speichen zu elastisch sind, weiß aus nerviger Erfahrung, wovon hier die Rede ist.

Teurer, aber besser von den Bremsleistungen sind keramikbeschichtete Felgen, die aber wiederum spezielle Bremsbeläge erfordern. Bei den Speichen haben sich endverdickte Stahlspeichen bewährt. Titanteile oder so genannte Säbelspeichen (mit Profil) kosten mehr, bringen aber keinen nennenswerten Vorteil in der Praxis.

Grundsätzlich anzuraten sind Hohlkammerfelgen, die bedeutend stabiler sind als Billigfelgen mit einem U-Profil. Je breiter die Felge bzw. je größer ihr Volumen (was manche Hersteller mit einem hohen V-Profil erzielen), desto stabiler sind sie auch. Aero-Felgen mit hohem Profil aus dem Rennradbereich bringen Bikern eher wenig.

Wer auf Schlauchlos-Systeme umsteigen will, braucht entsprechende Spezial-Felgen für diese Reifen. Solche Felgen sind zusätzlich mit »Tubeless« gekennzeichnet und in den meisten Fällen auch gleichzeitig für Reifen mit Schläuchen geeignet, was bei Pannen mehr Optionen offen hält.

Ein Qualitätsmerkmal an Felgen sind Ösen aus Edelstahl für die Speichenlöcher. In den Ösen drehen sich die Speichennippel sehr viel leichter, was gerade beim Zentrieren die Arbeit erleichtert, und die Nippel reißen nicht so schnell aus.

Bei der Felgenbreite haben sich 23 bis 26 Millimeter als Normalmaß eingebürgert. Wer es sich vom Körpergewicht und einer schonenden Fahrweise erlauben will, kann auf 20 Millimeter Breite heruntergehen. Vorsicht: Hier können jedoch Probleme mit breiten Reifen von 2,1 Zoll und mehr auftreten. Bei zu geringem Luftdruck können diese Dickmänner in schnell gefahrenen Kurven aus der Felge ploppen, wenn der Reifen stark arbeitet und übers Felgenhorn rutscht. Bis 1,9 Zoll Breite funktioniert die Kombination schmale Felge/dicker Stollengummi aber gefahrlos.

Auch die Streitfrage 36 oder 32 Speichen lässt sich nur individuell beantworten. Durch die verbesserten Materialien bei Felgen sind 32 Speichen für die meisten Biker kein Problem mehr. Auch Laufrä-

SPEICHENSPANNUNG PRÜFEN

Die richtige Speichenspannung entscheidet maßgeblich über die Stabilität der Laufräder. Schlecht eingespeichte Laufräder haben von Speiche zu Speiche unregelmäßige Spannung. Profis kontrollieren die Speichenspannung mit einem so genannten sehr teuren Speichen-Tensiometer. Für den Hausgebrauch muss der folgende Check mit bloßen Händen ausreichen:

1 Drücken Sie jeweils zwei nebeneinander liegende Speichen einer Laufradseite gegeneinander. Wiederholen Sie das mit allen Speichen-Pärchen. Mit etwas Fingerspitzengefühl und Zeit lokalisieren Sie so die Speichen mit weniger Spannung.

2 Ziehen Sie jetzt mit dem Nippelspanner die losen Speichen etwas nach. Vorsicht: Arbeiten Sie sich Schritt für Schritt vor. Mit zu viel Spannung an einer Stelle ziehen Sie sich einen Schlag ins Laufrad. Für den Anfang genügt eine Viertelumdrehung mit dem Nippelspanner.

PROFI TIPP

Ziehen Sie bei neuen Laufrädern nach ein paar Ausfahrten alle Speichen um eine Viertelumdrehung an. Das Material setzt sich mit der Zeit – die Speichenspannung lässt nach.

BEULE IN DER FELGE

Die empfindliche Felge trifft einen Felsbrocken und schon ist es passiert: Die Felge hat eine Beule. Kein großes Problem, nur ein Schönheitsfehler. Vorausgesetzt, Sie beheben den Schaden so schnell wie möglich. Bestes Werkzeug dafür ist ein so genannter Franzose, mit dem man die Delle punktgenau herausbiegen kann. Zur Not tut's auch eine einfache Wasserrohrzange. Ist das Aluminium der Felge durch den Felsen beschädigt, entfernen Sie die Kratzer mit Schleifpapier.

der mit 28 Speichen – von Hand gebaut – überstehen inzwischen Alpenüberquerungen und Marathons, also alle harten Belastungen, Extreme wie professionelle Downhills ausgenommen. Nur Freerider, Biker, die gern und viel springen, oder Fahrer über 85 Kilogramm sollten zu superstabilen Laufrädern mit 36 Speichen und einer Felgenbreite bis zu 30 Millimeter greifen.

Thema Scheibenbremsen: Diese erhöhen die Belastungen auf die Laufräder erheblich. Man sollte daher auf Leichtbau verzichten und spezielle Felgen für Disks verwenden. Diese sind breiter und gleichzeitig flacher, weil man bei der Gestaltung keine Rücksicht auf die Flankenform für Felgenbremsen zu nehmen braucht. Die Naben müssen für den Scheiben-Anbau geeignet sein. Shimano baut mit dem Centerlock-System eine neue Befestigung, wofür man spezielle Naben braucht.

ZENTRIEREN OHNE ZENTRIERSTÄNDER

Ein Zentrierständer ist relativ teuer und lohnt sich für die Heimwerkstatt nur, wenn man sehr gerne bastelt und viel Zeit investiert. Zwar gibt es auch hier die günstige Alternative für den Hausgebrauch, doch bedenken Sie: Mit der folgenden Methode lässt sich weder Präzisionsarbeit leisten, noch ein satter Höhenschlag vernünftig beheben. Bei extremen Seiten- und Höhenschlägen brauchen Sie viel Erfahrung und einen Zentrierständer. Wer das nicht hat: Finger weg. Die Fachwerkstatt ist besser ausgerüstet und behebt den Schaden günstig.

1 Das Laufrad bleibt eingespannt im Rad. Montieren Sie einen Kabelbinder. Richten Sie ihn so aus, dass das Ende gerade nicht mehr die intakten Bereiche der Felge berührt. Drehen Sie nun langsam das Laufrad, und lokalisieren Sie den Bereich, in dem die Felge aus der Mitte läuft.

2 Markieren Sie nun mit einem Stückchen Klebeband den Anfang und das Ende dieses Bereichs. Nun kommt die Feinarbeit: Die entsprechenden Speichen müssen nachgezogen werden. Achten Sie auf die richtige Laufradseite. Spannen Sie nur die Speichen auf der Seite nach, die dem Schlag gegenüberliegt. Weicht die Felge im beschädigten Bereich zum Beispiel nach links aus (in Fahrtrichtung), dann brauchen die Speichen auf der rechten Seite mehr Spannung und umgekehrt. Beginnen Sie beim Spannen immer in der Mitte des beschädigten Bereichs und arbeiten Sie sich gleichmäßig in beide Richtungen. Drehen Sie am Anfang nicht zu viel an den Nippeln. Ein Dreh zu viel und Sie laufen Gefahr, sich einen Höhenschlag ins Laufrad zu ziehen. Spannen Sie den betroffenen Bereich erstmal um jeweils eine Viertelumdrehung vor. Kontrollieren Sie am Kabelbinder, ob das Rad jetzt mittig läuft, und starten Sie dann bei Bedarf den Vorgang erneut. Wiederholen Sie das Prozedere so lange, bis die Felge wieder mittig läuft.

PROFI TIPP

Drehen Sie die Speichen ein kleines Stück zu weit und dann wieder zurück. So bauen Sie die Spannungen im Laufrad ab und müssen weniger nachzentrieren.

DER RICHTIGE LENKER UND VORBAU

Wie lang, wie hoch, wie steil, wie breit? Vorbau und Lenker sind entscheidend für die Sitzposition und die Lenkeigenschaften. Die Steuerung am Bike ist mit relativ geringem Aufwand zu wechseln.

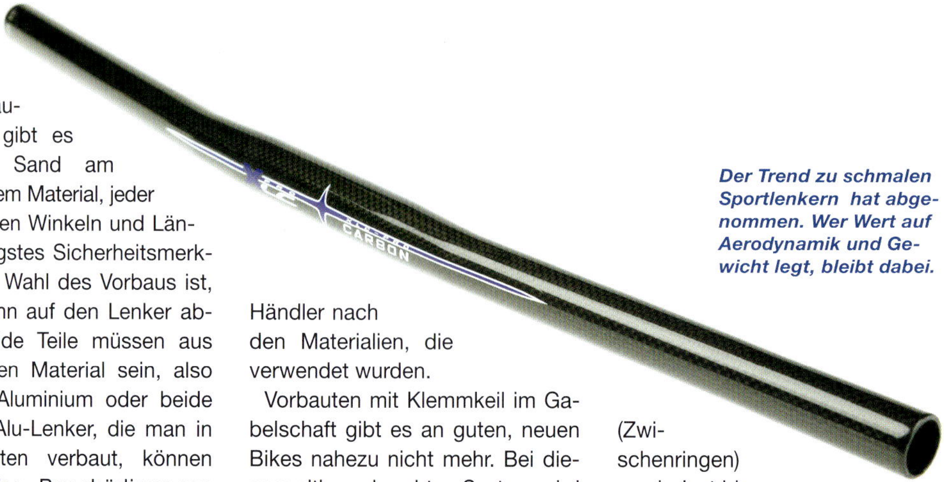

Der Trend zu schmalen Sportlenkern hat abgenommen. Wer Wert auf Aerodynamik und Gewicht legt, bleibt dabei.

Vorbauten gibt es wie Sand am Meer: in jedem Material, jeder Farbe, in allen Winkeln und Längen. Wichtigstes Sicherheitsmerkmal bei der Wahl des Vorbaus ist, dass man ihn auf den Lenker abstimmt. Beide Teile müssen aus dem gleichen Material sein, also beide aus Aluminium oder beide aus Stahl. Alu-Lenker, die man in Stahlvorbauten verbaut, können beispielsweise Beschädigungen bekommen. Wenn kleine Macken am Rand der Vorbauklemmung entstehen, ist die Sicherheit nicht mehr gewährleistet. Der Fachmann spricht hier von der so genannten Kerbwirkung. Dies kann so weit führen, dass der Lenker irgendwann plötzlich abbricht – ein erhebliches Sicherheitsrisiko.

Unempfindlicher sind Stahl-Lenker in Alu-Vorbauten, doch am sichersten fährt man mit identischen Materialien und – wenn vom Hersteller empfohlen – mit einer zusätzlichen Manschette um den Klemmbereich des Lenkers. Diese Manschetten oder Vorbauhülsen werden auch gerade bei Titan- oder Carbonlenkern empfohlen. Nahezu 90 Prozent aller angebotenen Vorbauten bestehen aus Aluminium, ähnlich zeigt sich die Verteilung im Lenker-Markt. Die Chance, bei einem Komplettbike eine »falsche« Lenker-Vorbau-Kombination zu erwischen, ist also eher gering. Wenn Sie auf Nummer sicher gehen wollen, fragen Sie den Händler nach den Materialien, die verwendet wurden.

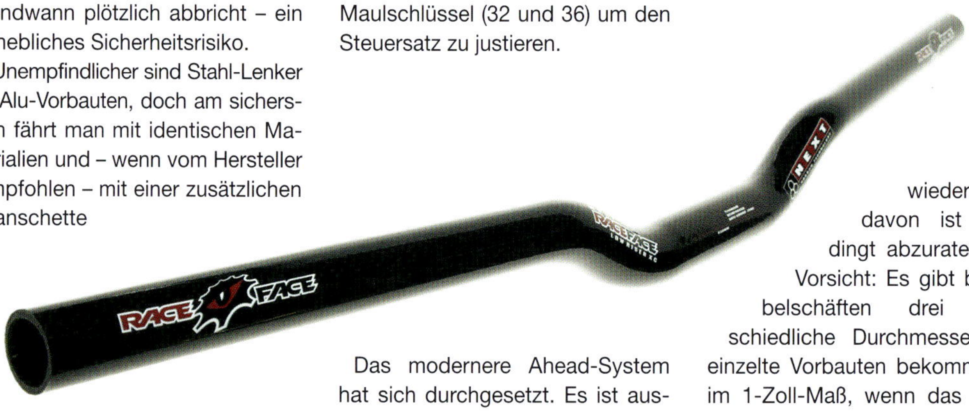

Bis zu 70 Zentimeter breit kann man die geschwungenen Downhill-Lenker erwerben. Um die 60 Zentimeter passen den meisten.

Vorbauten mit Klemmkeil im Gabelschaft gibt es an guten, neuen Bikes nahezu nicht mehr. Bei diesem althergebrachten System wird der Steuersatz mit zwei großen Sechskant-Muttern eingestellt.

Der Vorbau steckt im Schaft der Gabel, mit einem Klemmkeil fixiert. Damit konnte man den Vorbau um einige Zentimeter in der Höhe verstellen, brauchte aber riesige Maulschlüssel (32 und 36) um den Steuersatz zu justieren.

Das modernere Ahead-System hat sich durchgesetzt. Es ist ausgereift, leichter und ohne Spezialwerkzeug einfach einzustellen. Zudem erspart es das lästige Gewindeschneiden des Gabelschaftes, weil der Vorbau nun über den Gabelschaft gesteckt wird. Man muss nur noch die neue Gabel kürzen und den Vorbau überstülpen. Den einzigen Nachteil, die Vorbauhöhe nicht mehr verändern zu können, kann man mit Spacern (Zwischenringen) zumindest bis zu einer gewissen Höhe ausgleichen. Mit drei Zwischenringen sind bis zu 50 Millimeter Höhenanpassung drin. Das ist aber das absolute Maximum. Bei mehr Spacern wird der Aheadset immer wieder locker, davon ist unbedingt abzuraten. Und Vorsicht: Es gibt bei Gabelschäften drei unterschiedliche Durchmesser. Vereinzelte Vorbauten bekommt man im 1-Zoll-Maß, wenn das Modell beispielsweise auch für Rennräder verwendet wird. Dort weisen die meisten Gabeln dieses Maß auf. Im Mountainbike-Bereich hat sich

An modernen Vorbauten kann man mit zwei oder vier Schrauben leicht den Lenker ausbauen, für Wartungsarbeiten oder zum Tausch.

von den ehemaligen zwei Oversized-Maßen $1^{1}/_{8}$ und $1^{1}/_{4}$ Zoll das kleinere Oversized, also die besagten $1^{1}/_{8}$-Zoll durchgesetzt. Aber auch mit einem Ahead-Vorbau ist man noch nicht endgültig auf eine Position festgelegt. So genannte Flip-Flop-Vorbauten erlauben zwei unterschiedliche Lenkerpositionen. Öffnet man die Inbusschrauben am Gabelschaft und der Lenkerklemmung, lassen sich Lenker und Vorbau demontieren

Superkurze Vorbauten findet man meist an speziellen Downhill- oder Dirtbikes.

Breit und hochgezogen. Die ursprünglichen Downhill-Lenker werden jetzt auch an Tourenbikes montiert.

Gerade, schmal, gekröpft und mit Hörnchen. Klassischer Cross-Country-Lenker für Racer und Marathonfahrer.

und umgekehrt wieder auf den Gabelschaft stecken. So wandert die Lenkstange nach oben oder unten. Die mit einer Halbschale und zwei Schrauben geklemmten Vorbauten sind schnell zu öffnen und haben damit auch den Vorteil, dass sich für den Transport des Bikes im Kofferraum oder in der Tasche der Lenker schnell abnehmen lässt.

Für Länge und Steigung des Vorbaus gelten generell zwei Regeln: Je länger und flacher der Vorbau, desto träger das Lenkverhalten. Das Bike will im Extremfall nur noch stur geradeaus fahren. Die Sitzposition wird flacher und gestreckter. Das belastet die Rückenmuskulatur stärker und ist nur für trainierte Mountainbiker zu empfehlen, die

Praktisch: Vario-Lenker, an denen man die Höhe und gleichzeitig die Entfernung zum Sattel verstellen kann.

durch die tiefere Sitzhaltung aerodynamische Vorteile ausnutzen wollen. Man kann auch einen längeren Vorbau montierten, um bedingt einen kleinen Rahmen oder ein kurzes Oberrohr auszugleichen.

Je kürzer und steiler der Vorbau, desto wendiger und agiler wird das Lenkverhalten. Die Sitzposition nähert sich der Senkrechten, was vor allem Tourenfahrer mit Rucksack oder Downhiller und Freerider, die den Überblick behalten wollen, schätzen. Wie im ersten Fall kann man mit einem kurzen Vorbau ein zu langes Oberrohr ausgleichen und damit eine zu gestreckte Sitzposition angenehmer gestalten.

Die Sitzposition lässt sich leicht am Niveau-Unterschied von Sattel und Lenker erkennen. Steht der (richtig eingestellte) Sattel bis zu zwölf Zentimeter höher als der Lenker, spricht man von einer sportlichen oder Race-Position. Beträgt der Niveau-Unterschied null Zentimeter oder ist der Lenker höher als der Sattel, handelt es sich um eine entspannte oder Tourenposition. Bei Cruisern, Citybikes, Freeridern und Downhill-Bikes liegt der Lenker noch höher. Für Rücken, Schultern und Handgelenke ist diese Position eine Wohltat, weil fast das ganze Körpergewicht auf dem Sattel ruht und Arme und Rücken nicht als Tragegerüst dienen müssen. Für Downhiller gibt es superkurze Stummel-Vorbauten mit 80 Millimetern »Länge«, damit trotz eines langen Oberrohrs ein aufrechter Dressur-Sitz ermöglicht wird. Zusätzlich hilft der nach oben geschwungene Downhill-Lenker.

Als Faustregel sind bei Bikes der Rahmengrößen 46 bis 50 Zentimeter (18 und 19 Zoll) Vorbauten mit 130 Millimetern und 15 bis 25 Grad Steigung montiert, wobei hier der Trend zu eher kürzeren Vorbauten geht. Wer mit der Sitzposition absolut nicht zufrieden ist, sollte auf jeden Fall einen anderen Vorbau in

Achtung bei der Montage: Die Schlitze müssen gleichmäßig sein, die Seiten dürfen sich nicht berühren.

Moderne Aluvorbauten werden mit zwei Schrauben um den Gabelschaft geklemmt, der nicht zu tief unterhalb der oberen Vorbaukante enden darf.

Erwägung ziehen. Bei Preisen ab 25 Euro stellt dies eine einfache und günstige Tuning-Möglichkeit dar. Baut man einen Rahmen selbst auf, fragt man am besten seinen Händler nach Umtausch-Optionen für den Vorbau. Denn erst am komplett montierten Mountainbike kann man seine Sitzposition endgültig ausprobieren.

Auch der Lenker kann dazu beitragen, die Sitzposition besser an die individuellen Körpermaße anzupassen und die Fahreigenschaften des Mountainbikes zu verändern. Dabei ist die Breite des Lenkers ein nicht zu unterschätzendes Merkmal. Durch die Freeride- und Downhill-Welle sind breitere und nach oben geschwungene Lenker in Mode gekommen. Diese Modelle bringen auch dem Normalbiker und Tourenfahrer mehr Komfort und eine bessere Sitzposition. Grundsätzlich geht man von einer Lenkerbreite aus, die der Schulterbreite des Fahrers angepasst ist. Wenn Sie auf dem Mountainbike sitzen, sollten Sie mit leicht gebeugten Armen die Hände entspannt in Schulterbreite auf die Lenkergriffe legen können. Als Standard ist auf den meisten Bikes ein Lenker mit 560 bis 620 Millimetern Breite montiert. Schmal gebaute oder kleinere Fahrer können Lenker an beiden Seiten gefahrlos um je 10 bis 15 Millimeter kürzen, vorausgesetzt es handelt sich nicht um exotische Materialien wie Titan oder Carbon.

Spacer gibt es in den Höhen fünf, zehn und 15 Millimeter und in verschiedenen Ausführungen, von Alu bis hin zu Carbonmaterial.

Mit Spacern kann man bei Ahead-Vorbauten die Lenkerhöhe variieren. Es gibt sie in verschiedenen Breiten. Man sollte nicht mehr als vier einbauen.

Überprüfen Sie regelmäßig Lenker und Vorbauten auf Kratzer, Beschädigungen und Risse. Brüche in diesem Bereich können zu erheblichen Verletzungen führen.

Die Wahl der Griffe ist nicht zu unterschätzen. Die Gummis am Lenker tragen erheblich zum Fahrkomfort und zu entspannten Touren bei.

Dazu eignet sich am besten ein Rohrschneider, wie man ihn im Baumarkt bekommt. Einen speziellen, sehr präzisen Rohrschneider für solche Aufgaben gibt es von Syntace für rund 40 Euro im Fachhandel.

Die geschwungenen Downhill-Lenker sind im Schnitt 600 bis 700 Millimeter breit. Sie vermitteln bei steilen Abfahrten ein sichereres Gefühl. Durch den größeren Hebel entwickelt man mehr Kraft bei Lenkvorgängen. So kommt einem das Bike ruhiger und leichter beherrschbar vor. Man sollte dieses Gefühl auf jeden Fall an einem Testbike einmal ausprobieren.

TIPPS ZU SATTEL UND SATTELSTÜTZE

Taubheit, Schmerzen, wunder Hintern – viele Sättel verderben den Spaß am Biken. Hier erhalten Sie Abhilfe: Beratung zur optimalen Sitzgelegenheit und zur richtigen Sattelstütze.

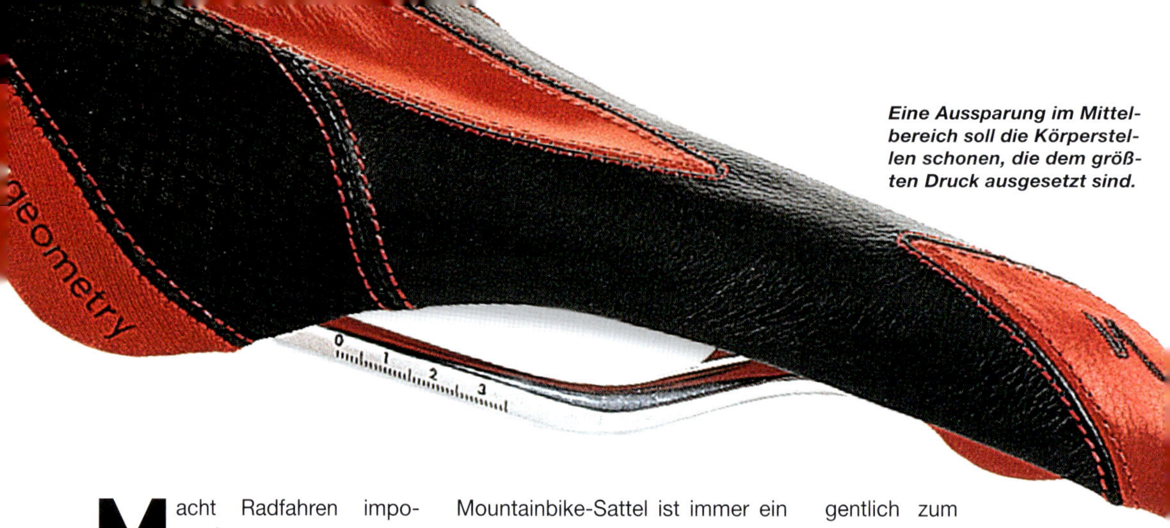

Eine Aussparung im Mittelbereich soll die Körperstellen schonen, die dem größten Druck ausgesetzt sind.

Macht Radfahren impotent? Hartnäckig hält sich eine medizinisch kaum belegbare Vermutung. Für zugkräftige Schlagzeilen wird das Thema immer wieder aufgekocht, doch wichtiger als Panikmache ist die richtige Wahl des Sattels. An der Nahtstelle zwischen Mensch und Maschine entscheidet er über Wohl und Wehe. Der optische Eindruck gibt dabei selten Aufschluss. Schließlich wird der spartanische Klassiker Flite, auf den ersten Blick ein Folterinstrument, von sehr vielen Bikern als komfortabel empfunden.

Woran erkennt man also einen guten Sattel? Ein bequemer Mountainbike-Sattel ist immer ein Kompromiss aus verschiedenen, manchmal gegensätzlichen Anforderungen. Das beginnt bereits bei der richtigen Sattelform: Eine schlanke, lang gestreckte Nase garantiert seit Rennradzeiten möglichst viel Bewegungsfreiheit für durchtrainierte Oberschenkel. Nach hinten verbreitert sich der Sattel, um den Sitzhöckern eine gute Auflagefläche zu bieten: Die Idealform für durchtrainierte Biker. Mountainbiker wollen aber mehr. Um im schwierigen Gelände möglichst schnell hinter den Sattel rutschen zu können, wünschen sie sich ein eher schmales Heck. Das bedeutet jedoch auch, dass die eigentlich zum Sitzen gedachten Sitzhöcker weniger Halt finden und sich noch mehr Druck nach vorne auf den durch die gestreckte Sitzposition ohnehin stark belasteten Dammbereich verlagert. Wie Sportorthopäden bestätigen können, ist dieser Bereich als Sitzfläche ungeeignet: Hier liegen Blutgefäße, Nervenstränge, Harnröhre und die Prostata, die empfindlich gequetscht werden können. Deshalb haben es Mountainbiker bei der Wahl des Sattels besonders schwer. Optik und Bewegungsfreiheit profitieren zwar von einer schnittigen Sattelform, doch der Sitzkomfort leidet. Immer mehr Körpergewicht muss sich auf einer immer kleineren Fläche abstützen. Ein Patentrezept gibt es jedoch nicht, da logischerweise nicht jeder Hintern die gleiche Sitzbreite benötigt.

Dennoch gelingt es einigen Herstellern in den letzten Jahren immer besser, durch neue Sattelformen die Empfindsamkeit ihrer Kunden zu erhalten. Die Kontaktfläche wird vergrößert, um den Druck besser zu verteilen. Einige Beispiele: Die hochgezogene, verbreiterte Heckpartie des Giro-Sattels soll mehr Gewicht auf die Gesäßknochen bringen; die abgeflachte Nase des Tioga Multi Control hilft dem Biker beim Nach-vorne-Rutschen an steilen Bergauf-Passagen; die weiche, tief hängende Nase des WTB-Sattels bringt

DIE RICHTIGE SATTELSTELLUNG

- Den Sattel (mit einer Wasserwaage) genau waagerecht ausrichten. Bei Fullys das Einsinken der Federung (Sag) mitberechnen.
- Durch Verschieben des Sattels nach hinten erreichen Sie eine flachere Sitzposition (mehr Druck auf dem Schambein). Nach vorne verschoben sitzen Sie aufrechter (mehr Druck auf den Sitzhöckern).
- Kniebeschwerden: Wenn Sie auf dem Sattel sitzen und die Kurbeln genau waagerecht stehen, sollten Sie ein Lot von der Kniescheibe auf die Pedalachse oder knapp dahinter fällen können – dann ist die Sitzposition richtig.
- Sattelhöhe: Wenn Sie auf dem Sattel sitzen, sollten Sie bei gestrecktem Bein mit der Ferse gerade noch das unten stehende Pedal erreichen können.
- Als erste Hilfe bei Taubheitsgefühl kann man die Sattelspitze leicht nach unten neigen. So verlagert man mehr Gewicht auf die Sitzhöcker. Richtige Sattelbreite für den Sitzhöckerabstand wählen.

mehr Bewegungsfreiheit und schont den empfindlichen Schambeinbereich. Die Firma SQ Lab baut Sättel in unterschiedlichen Breiten, um je nach Sitzknochen-Abstand passende Modelle anzubieten.

Neben der Form versuchen die Hersteller, durch eine Kombination aus weicher Polsterung, federnder Sattelschale und flexiblem Gestell den Aufenthalt auf dem Bike zu erleichtern. Eine kräftige Polsterung hilft wenig, wenn der Schaumstoff schnell zusammengedrückt wird und eine harte Sattelschale dem Allerwertesten zusetzt. Allzu voluminöse Polsterung empfiehlt sich nur für drehzahlbegrenzt Stadt- und Komfortradler, da bei sportlicher Fahrweise die Polsterung zu wenig Gefühl für das Bike vermittelt. Außerdem walkt der Schaumstoff zwischen den Beinen, der gefürchtete Wolf droht. Im Gegensatz zu Komfort- und Alltagsrädern befinden sich Gelsättel an sportlichen Mountainbikes auf dem Rückzug. Gel bleibt jedoch eine Empfehlung für Einsteiger und Biker mit extrem empfindlichem Gesäß.

Downhill-Fahrer benötigen noch mehr Bewegungsfreiheit. Auch die Fahrer von Fullsuspension-Bikes müssen bergauf häufig ihr Gewicht nach vorne verlagern, um Druck auf das Vorderrad zu bekommen und die langen Federwege auszugleichen. Die Downhill-Modelle sind deshalb länger und besitzen eine etwas breitere, gepolsterte Nase. Angenehmer Zusatzeffekt: Der druckempfindliche Schambeinbereich wird entlastet. Cross Country-Fahrer stehen solchen Untieren aus Schaum und Leder eher skeptisch gegenüber: zu schwer und zu weich. Neben der Polsterung hilft auch eine flexible Schale, um Druck und Schläge wirkungsvoll zu mildern. Bewährt haben sich Sattelschalen mit einer Art Hängemattenkonstruktion, wie sie der Flite besitzt. Diese Konstruktionen bieten im Mittelbereich ausgezeichneten Komfort und sind sehr leicht, da sie mit wenig Polstermaterial auskommen. Nachteile sind die oft sehr lange, wenig gepolsterte Nase und das Risiko, dass eine zu weiche Sattelschale bei starker Beanspruchung leicht durchgesessen wird. Weitere Komfortkriterien sind das Material und die Konstruktion des Sattelgestells. Hier hat Titan deutliche Vorteile gegenüber Stahl: Es ist flexibler und wiegt weniger. Durch den realtiv geringen Materialaufwand schlägt die Investition in das hochwertige Material auch nicht allzu sehr zu Buche. Bei der Betrachtung des Gestells sollte man unbedingt berücksichtigen, dass man den Sattel möglichst vielfältig einstellen kann. Der eine oder andere Millimeter mehr wirkt auf der Suche nach einer harmonischen Sitzposition oft Wunder. Häufig wird der Sattel einfach zu früh an den Pranger gestellt; auch eine falsche Einstellung kann zu Schmerzen, Druckstellen bis hin zu Kniebeschwerden führen (siehe Kasten). Während sich bei den Sattelgestellen mehr und mehr Titan durchsetzt, ist bei den Obermaterialien immer wieder das extrem robuste Kevlar zu finden. Fast alle europäischen Hersteller führen das Material, aus dem unter anderem kugelsichere Westen hergestellt werden. Ob man dem guten alten Leder oder Kevlar den Vorzug gibt, ist Geschmacksache. Die Ledersättel sind sicherlich noch schmutz-unempfindlicher und saugen sich bei Regen weniger stark voll. Eine gute Kombination sind Ledersättel mit Kevlarecken, damit beim Sturz nichts aufreißt.

Verschiedene Lösungen für das selbe Problem: Mit Vertiefungen, Aussparungen, Gelpolstern oder einer breiteren Form soll der Druck von den empfindlichen Stellen des Körpers, wie dem Dammbereich, genommen werden.

Besonders schmerzgeprüft sind Bikerinnen. Der Schambeinbereich ist hier noch empfindlicher als bei Männern. Deshalb versuchen einige Hersteller mit speziellen Frauenmodellen eine Entlastung zu schaffen. Das bedeutet zum einen mehr Weichheit vorne im Schambeinbereich und zum anderen etwas breitere Sattelformen, um dem weiblichen Becken mehr Abstützung zu bieten.

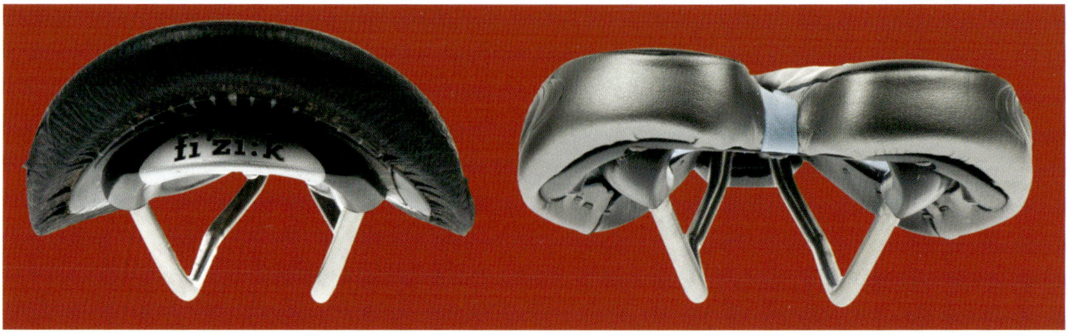

Neben Länge und Nasenform sind die Auflagebreite und die Form des Sattels im Sitzbereich entscheidend.

Welcher Sattel ist nun der bequemste? Die viel sagende Antwort lautet: Das kommt darauf an. Wer extrem sportlich gestreckt unterwegs ist, muss auf eine gut gepolsterte Sattelnase achten. Wer mehr aufrecht fährt, kann ein Modell wählen, bei dem die Sitzhöcker im Sattelheck mehr Halt und Polsterung vorfinden. Trialspezialisten und Biker mit viel Bewegungsbedarf werden wohl mit einer eher unergonomischen schmalen Sattelform zurecht kommen müssen. Die Auswahl muss jeder selbst treffen – durch ständiges Ausprobieren, bis die Beschwerden verschwinden. Das optimale Sattelmodell für jedermann gibt es nicht. Zu viele Faktoren spielen eine Rolle: Anatomie, Gewicht, Fahrgewohnheiten und die jährliche Fahrleistung, denn Vielbiker können einfach öfter. Öfter Rad fahren.

TIPPS FÜR DIE SATTELSTÜTZE

Die Sattelstütze sollte eigentlich eine der Komponenten sein, die am wenigsten Ärger macht. Doch auch diesem Teil muss man ein wenig Beachtung schenken. Achten Sie darauf, dass die Stütze keinen Rost ansetzt oder sonstige Beschädigungen aufweist. Sattelstützen, die unter der Fahrt brechen, können zu bösen Verletzungen führen. Die gute Funktion der Stütze bemerkt man nur, wenn man die Sattelhöhe oder die Sattelposition verstellt. Die Sattelstütze sollte gut im Sattelrohr rutschen, aber nicht mit einem Schwups hineinsausen. Dann ist sie eindeutig zu dünn und muss ausgetauscht werden. Bei der Differenz kann es sich um Zehntelmillimeter handeln, die man mit bloßem Auge gar nicht mehr feststellt.

DER DURCHMESSER IST ENTSCHEIDEND

Eine Stütze, deren Durchmesser nicht aufs Sitzrohr abgestimmt ist, wird man nie richtig festspannen können. Die Folge: Der Sattel wandert unmerklich tiefer, und man hat das Gefühl, keine Kraft mehr zu entwickeln. Im schlimmsten Fall kann dies sogar zu Kniebeschwerden führen.

Lässt sich die Sattelstütze überhaupt nicht bewegen, ist sie entweder zu dick oder das Sitzrohr ist nicht richtig ausgefräst. Tiefe Riefen in der Stütze beweisen dies. Mit einer Reibahle kann der Händler das Sitzrohr bearbeiten. Hat Ihre Sattelstütze bereits tiefe Kratzer, sollte sie eventuell sogar ausgetauscht werden.

Die gängigen Maße der Durchmesser von Sattelstützen variieren zwischen 26,8 Millimetern und 31,8 Millimetern, in unterschiedlichen Zwischengrößen. Wer mit seiner Sattelstütze ständig Probleme beim Festklemmen hat, sollte den Händler das Sattelrohr des Rahmens genau ausmessen lassen und dann eine optimal passende

Achten Sie beim Satteltest auch auf die Form der Nase und auf die Länge.

Stütze für den Rahmen auswählen. Der Großteil der erhältlichen Sattelstützen besteht aus Aluminium. Doch auch Exemplare aus Stahl, wie beispielsweise die Shimano XT-Stütze, halten ewig und sind kaum schwerer als ihre Leichtmetall-Kollegen. Sattelstützen aus Titan oder Carbon sind nur etwas für Liebhaber des Custombaus und mit großer Sorgfalt

TIPPS ZUM SATTELKAUF

- **Nur eine wirklich ausführliche Probefahrt klärt, ob ein Sattel hundertprozentig zu Ihren Bedürfnissen und Ihrer Anatomie passt.**
- **Suchen Sie sich einen Händler, der Ihnen Mustersättel für eine längere Probefahrt überlässt. Eventuell können Sie auch eine kulante Umtausch-Regelung mit ihm aushandeln.**
- **Achten Sie darauf, dass sich der Sattel auf ihrer Sattelstütze problemlos montieren lässt.**
- **Gute Optik und Bequemlichkeit müssen sich nicht ausschließen. Trotzdem haben es sehr schmale Modelle wegen der kleinen Auflagefläche schwerer. Verzichten Sie im Zweifelsfall auf die schnittige Optik und wählen Sie ein bequemeres Modell.**

zu behandeln. Carbonstützen verkratzen sehr leicht, hier sollte der Rahmen wirklich optimal präpariert sein.

Stützen gibt es in unterschiedlichen Längen. Maximum sind 450 Millimeter, Normallänge sind meist 350 Millimeter oder kürzer. Wer sehr kleine Rahmen für seine Körpergröße bevorzugt, kann dies mit extralangen Sattelstützen ausgleichen. Doch Vorsicht: Die angebrachte Markierung der Mindesteinbautiefe einer Stütze sollte nie ignoriert werden! Für Fullsuspension-Bikes muss man auf die zulässige Länge der Sattelstütze in eingefedertem Zustand achten. Durch die kurzen Sitzrohre der Fullyrahmen kann die Stütze auf dem Dämpfer oder einem Teil des Rahmens aufsitzen. Das tut beiden Teilen nicht gut. Stellen Sie Ihre optimale Sattelhöhe fest, und kürzen Sie dann die Stütze am besten mit einem Rohrschneider so, dass die ganze Länge des Sitzrohrs ausgenutzt wird, ohne darunter liegende Teile zu berühren.

Wie den Vorbau kann man auch die Sattelstütze dazu benutzen, die Sitzposition zu ändern. Es gibt Haltesysteme, bei denen der Sattel direkt über der Stütze sitzt. Somit wird der Abstand vom Sattel zum Lenker kürzer – gut für Biker mit kürzerem Oberkörper oder kurzen Armen. Dabei ist die Sattelneigung und -position entweder mit einer oder zwei Schrauben zu verstellen. Manche Konstruktionen trennen die Neigungsverstellung vom Verschieben des Sattels. Die Patentstütze, das ursprünglich aus dem Rennradsport übernommene System, trägt noch eine Verlängerung nach hinten, wie ein Spazierstock. Somit kann man mit dieser Befestigung den Sattel weiter nach hinten verschieben, falls die Sitzposition zu gedrängt ist.

Thema gefederte Sattelstützen: Sie bringen mehr Komfort, allerdings nur Bikern, die lieber im Sattel sitzen bleiben. Wer gerne mit hoher Trittfrequenz kurbelt, wird sich daran stören, dass sich durch die Feder im Rohr der Abstand vom Sattel zum Tretlager ständig ändert. In schwierigem holprigem Gelände sind »echte«, richtig abgestimmte Fullys klar im Vorteil. Doch sind die gefederten Sattelstützen ein preiswerter Kompromiss für den Komfort suchenden Biker, der sich noch kein Fullsuspension-Modell leisten kann oder will.

Einschrauben-klemm-System in der klassischen Patent- oder Spazierstock-Ausführung.

Optimal: Sattelposition und Neigung sind getrennt einzustellen. Dieses Modell gibt es mit Kopf über der Stütze oder wie hier nach hinten versetzt.

SO FUNKTIONIERT DER SELBSTBAU

Das eigene individuelle Bike aufzubauen macht Spaß, und man lernt sein Rad so richtig von innen kennen. Hier alle Vorgänge in der richtigen Reihenfolge als Schritt-für-Schritt-Anleitung.

Ein Mountainbike besteht aus einigen hundert Einzelteilen: Rahmen, Gabel, Laufräder, Antrieb, Sattel und Steuerzentrale, um nur die wichtigsten Baugruppen zu nennen. Dazu kam in den vergangenen Jahren die komplexe Technik der vollgefederten Bikes. Und erst wenn alle Teile des Puzzles miteinander harmonieren, ist der Fahrspaß garantiert.

Ob nun getunte Komponenten oder das komplett individuelle Traumbike – man kann sich sicher sein, dass das edle Stück kein Massenprodukt, oft sogar ein Unikat ist.

Sicher gibt es Ausnahmen beim Schrauben: Man sollte zum Beispiel nie einen Dämpfer öffnen oder im heißen Tuning-Fieber wahllos Stahl- durch Aluschrauben ersetzen. In diesen Fällen wird hier gezielt auf mögliche Gefahren hingewiesen.

Zuletzt sollten Sie eines beherzigen: Wenn Sie sich etwas nicht zutrauen oder nicht das entsprechende Werkzeug besitzen, lassen Sie lieber den Fachmann ran. Dazu zählen besonders die Fräsarbeiten zu Beginn. Nur wenige engagierte Hobbyschrauber besitzen die teuren Spezialwerkzeuge, und durch Pfusch wird aus dem anvisierten Traumobjekt leider ein Euro und Zeit verschlingendes Albtraumrad.

Zu allen Teilen gibt es in den jeweiligen Kapiteln dieses Buches noch mehr Tipps und Erläuterungen. Diese Anleitung zum Selbstbau soll hauptsächlich die Schritte und auch

1 STEUERROHR

Ein planer Lagersitz ist Voraussetzung für leichtgängige Lenkung und langlebigen Steuersatz.

Das Steuerrohr sollte ab Werk für die Aufnahme der Steuersatz-Lagerschalen vorbereitet sein. Das heißt: Oberer und unterer Sitz stehen genau parallel. Das Rohr ist innen so ausgerieben, dass sich die Schalen mit dem Steuerlager-Einpress-Werkzeug (A) problemlos einpressen lassen. Nacharbeiten sollte man den Sitz, wenn trotz Nachstellen immer wieder Spiel im Steuerlager auftaucht oder die Lenkung nur in der Mittelstellung leichtgängig ist. Zum Planfräsen benötigt man das Fräswerkzeug (F). Es besitzt einen zweistufigen Fräser, der gleichzeitig das Innenrohr und die Auflage der Lagerschale bearbeitet. Auf der Gegenseite zentriert eine Spannvorrichtung den Fräser im Steuerrohr. Das Werkzeug wird nun nacheinander von oben und unten eingesetzt und so lange gleichmäßig gedreht, bis die Flächen absolut plan sind.

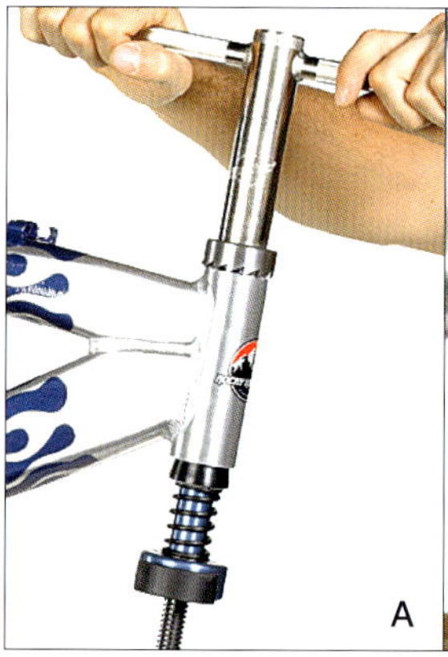
A

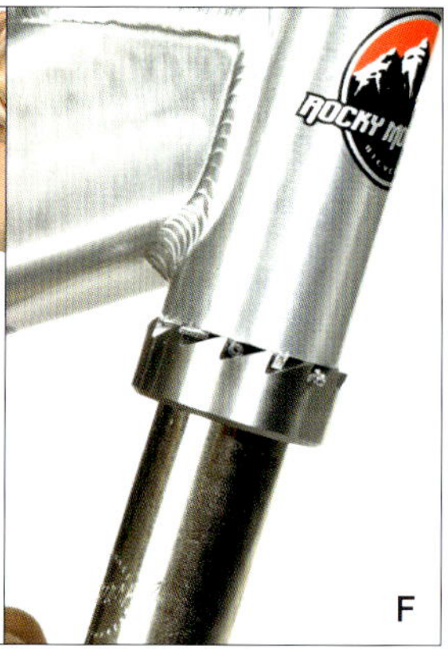

F

Achtung!

- → **Auf korrekten Durchmesser des Fräsers achten.**
- → **Kein Öl auf die Messer geben.**
- → **Nicht zu tief fräsen (Schweißnähte!).**

2 SATTELROHR

Die Sattelstütze sollte sich einerseits fest arretieren lassen, andererseits aber leicht in der Höhe verstellbar sein.

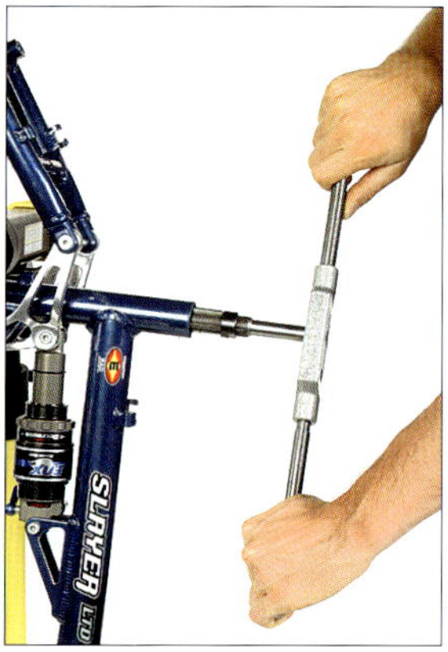

Das funktioniert nur, wenn der Innendurchmesser des Sitzrohrs exakt dem Außendurchmesser der Stütze entspricht. Aber Achtung, nicht sofort die Reibahle einsetzen, wenn es etwas rau gleitet: Erstmal auf die sanfte Tour versuchen! Denn einmal zu viel gerieben, und die Stütze lässt sich nicht mehr fest genug klemmen. Man nehme also ein dünnes Rundholz, wickle eine Lage Schmirgelpapier darum und befreie so das Rohr von kleinen Unebenheiten. Erst wenn das nicht hilft, die Reibahle eindrehen. Aber bitte so einstellen, dass nur minimal Material weggenommen wird. Und vor jedem weiteren Schritt die Stütze ausprobieren.

Achtung!

- → **Kein Öl auf die Messer geben.**
- → **Den Rahmen so einspannen, dass Späne nicht im Rohr nach unten fallen.**
- → **Unbedingt den Schlitz des Sattelrohrs innen entgraten.**

3 INNENLAGER

Problemkind: das Innenlager. Gegen Knacken und Knarzen hilft nur ein akkurater Einbau.

Die heutigen Patronenlager haben den Einbau gegenüber den alten Konuslagern wesentlich vereinfacht. Man kann fast nichts mehr falsch machen. Selbst Lackreste an der Außenseite des Tretlagergehäuses am Rahmen müssen nicht zwingend entfernt werden. Schaden können ein paar gezielte Feilenstriche allerdings auch nicht. Die Einbaulaune verderben kann einem jetzt nur noch ein schlecht geschnittenes Gewinde. Einzige Abhilfe: Sobald man merkt, dass sich das Lager nicht leichtgängig eindrehen lässt, sofort nachschneiden (lassen) – dafür benötigt man allerdings einen sehr teuren, speziellen Gewindeschneider. Zu beachten ist dabei die spezielle Gewinderichtung bei den an Mountainbikes üblichen BSA-Lagern: Die Kettenblattseite besitzt ein Linksgewinde (nach links hineindrehen!), die andere Seite ein normales Rechtsgewinde. Zum Kauf des richtigen Innenlagers muss man noch die Gehäusebreite messen (68 oder 73 Millimeter).

Achtung!

- → **Gewinde vorher reinigen. Noch besser: ausblasen.**
- → **Gewindeschneider gerade ansetzen.**
- → **Während des Schneidens Öl auf die Messer geben.**

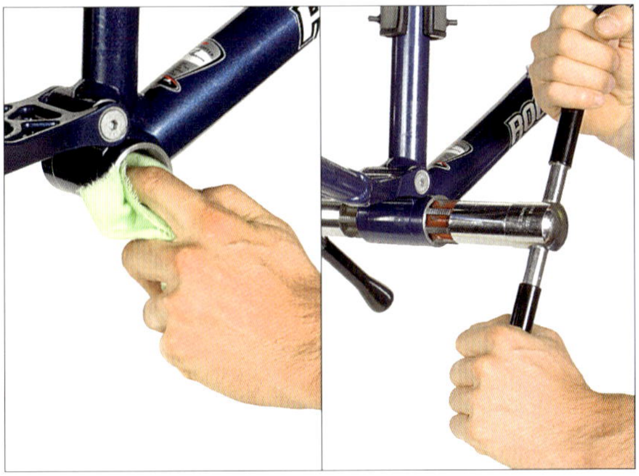

4 SCHEIBENBREMSE

Umdenken ist angesagt: Scheibenbremsen lösen die alte V-Brakes ab. Neue Probleme müssen gelöst werden.

Nicht immer funktioniert der Anbau einer Scheibenbremse problemlos. In der Realität sind die Verzögerer manchmal launische Gesellen. Besonders empfindlich reagieren sie auf schlampigen Anbau der Bremssättel an Rahmen und Gabel. Hier entscheiden Zehntelmillimeter über Lust oder Frust, sprich: über Bremsleistung oder nervendes Schleifen und Quietschen. Die Anbauösen müssen genau parallel zur Rahmenlängsachse stehen. Dies verhindern teilweise ungenau angelötete Ösen oder eine dicke Lackschicht auf deren Oberfläche. Wer nun auf sein Augenmaß vertraut und zur Feile greift, verschlimmert das Problem meist. Optimal arbeitet nur ein spezielles Fräswerkzeug, das inzwischen von den Herstellern Magura und Sticha angeboten wird.

Achtung!

- → **Die Auflagefläche des Bremssattels auf dem Rahmen und der Gabel muss frei von Lack sein.**
- → **Auch die Außenseite, also die Auflage der Schraubenköpfe, blank machen.**

die richtige Reihenfolge des Zusammenbaus dokumentieren.

In Rot und am Schluss der Erläuterungen der Stationen stehen die Knackpunkte oder Dinge, die man unbedingt vermeiden sollte. Lesen Sie unbedingt die ganze Anleitung mit allen Punkten einmal durch, bevor Sie sich an den Kauf der Einzelteile machen, um bereits Fehler bei der Zusammenstellung der Komponenten zu vermeiden. Wichtig ist bei der Bremsanlage beispielsweise der richtige Standard für die Scheibenbremsen. Oder bei der Schaltung das harmonische Zusammenspiel aller Komponenten, wie Tretlager, Schaltwerke und Schalthebel, die man nicht wahllos mischen kann.

Wer einmal genau wissen möchte, wo sich das Gesamtgewicht seines Bikes versteckt, kann vor dem Zusammenbau alle Teile einzeln auf die Küchenwaage legen (nicht auf die Herstellerangaben verlassen!) und in eine Liste schreiben oder gleich in eine Excel-Tabelle. **Leichtbau-Fans finden so neue Ansätze.** Tipp: Einige Gramm lassen sich zum Schluss bei Schläuchen und Mänteln sparen.

Die letzten Schritte des Zusammenbaus nach dem Schritt 18 sind die Montage der Kette und die Schaltungseinstellung, die in den Kapiteln 7 und 8 beschrieben sind. Für die Einstellung von Sattelhöhe und -position sowie die Justage des Cockpits finden Sie alle Erläuterungen im Kapitel 4 auf den Seiten 34 und 35.

5 STEUERSATZ EINBAUEN

Vorausgesetzt, der Rahmen ist vorbereitet und das passende Werkzeug liegt bereit, ist dieser Arbeitsschritt schnell erledigt.

Ober- und Unterkante des Steuerrohrs müssen exakt parallel zueinander stehen. Nur so läuft der Steuersatz nachher ohne Klemmen (siehe Schritt 1). Fetten Sie die Lagerschalen des Steuersatzes sowie die Innenseite des Steuerrohrs leicht ein. Das Einpresswerkzeug hat zwei Bolzen, die genau in die Lagerschalen des Steuersatzes passen.

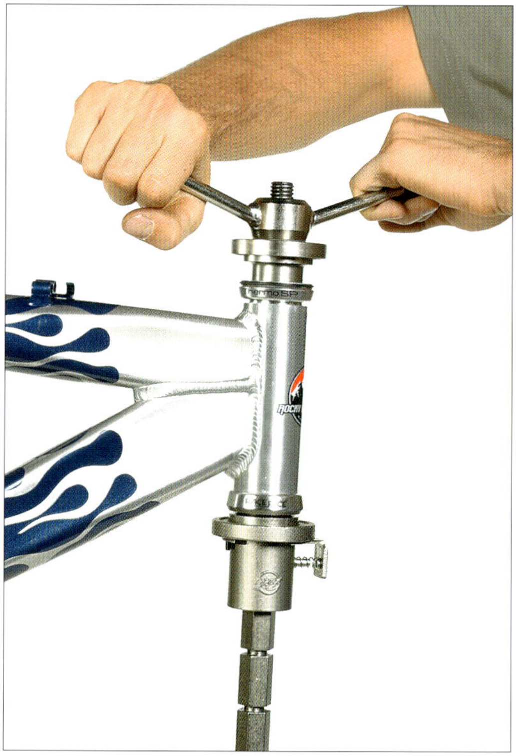

Dreht man am Schraubhebel, werden die beiden Schalen gleichmäßig ins Steuerrohr eingepresst. Nicht zu stark anziehen, da der Steuersatz sonst beschädigt wird. Bei modernen Cartridge-Steuersätzen ist die Montage meist unproblematisch, bei offenen Kugellager-Steuersätzen müssen Sie peinlich genau darauf achten, dass die Laufflächen nicht beschädigt werden. Ohne Spezialwerkzeug sollten Sie den Steuersatz nicht selber einpressen. Wer es trotzdem versuchen will, presst die Lagerschalen mit einer Schraubzwinge zusammen. Wichtig hierbei: Legen Sie unbedingt dicke Holzscheiben zwischen Lagerschalen und Zwinge.

Achtung!

- → **Spezial-Einpresswerkzeug benutzen.**
- → **Lagerschalen und Steuerrohr einfetten.**

6 GABELKONUS FIXIEREN

Den Gabelkonus muss man energisch auf das Schaftrohr aufschlagen, denn er soll fest sitzen.

Der Gabelkonus sollte extrem stramm auf dem Schaftrohr sitzen. Um ihn, ohne zu verkanten oder ihn zu beschädigen, aufzuschlagen, ist ein

spezielles Rohr nötig. Dieses Stahl- oder Alurohr sollte sehr eng am Schaftrohr der Gabel anliegen. Nur dann ist gewährleistet, dass die Lagerlaufbahn auf der Oberseite des Konus nicht beschädigt wird. Fetten Sie Schaftrohr und Konus ein, und schieben Sie den Konus über den Gabelschaft. Schlagen Sie den Konus jetzt mit dem Rohr auf. Wichtig: Halten Sie die Gabel dabei an der Gabelbrücke und frei in der Luft schwebend. Sonst könnten Sie das empfindliche Innenleben oder die Ausfallenden der Federgabel beschädigen. Klopfen Sie den Konus so weit auf, bis er absolut plan auf der Gabelbrücke aufliegt. Dann ziehen Sie das Rohr wieder ab.

Achtung!

- → **Passendes Rohr als Aufschläger verwenden.**
- → **Konus und Gabelschaft einfetten.**
- → **Gabel beim Aufschlagen frei schwebend halten.**
- → **Konus muss plan aufliegen.**

7 GABELSCHAFT KÜRZEN

Noch ein paar Handgriffe, und Ihre Gabel ist einbaufertig: Mit der Länge des Gabelschaftes bestimmen Sie die Vorbauhöhe.

Bauen Sie die Gabel provisorisch ein. Steuersatzlager und Dichtungen sitzen bereits an der richtigen Stelle. Legen Sie die gewünschte Vorbauhöhe fest. Tipp: Lieber zunächst zu hoch als zu niedrig einbauen, denn weiter abschneiden können Sie den Gabelschaft später immer noch. Legen Sie also lieber ein paar Spacer (Distanzringe) mehr zwischen Vorbau und Steuersatz. Um noch mehr Spielraum zu erhalten, können Sie übrigens auch über dem Vorbau ein paar Spacer stapeln. Markieren Sie die Oberkante des Vorbaus. Danach können Sie die Gabel wieder abmontieren. Schneiden Sie den Gabelschaft mit dem Spezialwerkzeug etwa drei Millimeter unter der Markierung ab. Dazu eignet sich am besten ein spezieller Rohrschneider (für ein paar Euro im Baumarkt). Die Hightech-Lösung ist der Speed-Cutter von Syntace. Eine billigere Alternative ist die Eisensäge. Dazu legen Sie die Gabel am besten auf den Schraubstock auf (nicht zu fest einspannen). Achten Sie auf einen geraden Schnitt. Entgraten Sie das Steuerrohr nach dem Schneiden gründlich mit Rundfeile und Schleifpapier.

Achtung!

- → **Gabel provisorisch einbauen, Vorbauhöhe markieren.**
- → **Schaftrohr mit dem Rohrschneider ablängen.**
- → **Schnittstelle innen und außen gründlich entgraten.**

8 AHEAD-KRALLE EINSCHLAGEN

Klein, aber wichtig: Die Ahead-Kralle ist verantwortlich für ein spielfreies Steuerlager. Sie wird oben ins Schaftrohr eingeschlagen und dann mit der Ahead-Kappe verschraubt.

Aheadset-Krallen gibt es in unterschiedlichen Größen. Dickwandige Alugabelschäfte brauchen kleinere Krallen, Stahlschäfte größere. Für einen festen Sitz muss die Kralle auf jeden Fall größer sein als der Innendurchmesser des Schaftrohrs. Auch hier gibt es zum Einschlagen das passende Spezialwerkzeug. Zur Not tut es auch eine lange Stahlschraube mit M6-Gewinde. Drehen Sie diese zunächst ganz in das Gewinde der Ahead-Kralle ein. Nehmen Sie jetzt den Hammer, und treiben Sie die Kralle in das Schaftrohr. Achten Sie vor allem bei den ersten Millimetern darauf, dass die Kralle gerade in das Schaftrohr rutscht und nicht verkantet. Die Kralle sollte in der Regel fünf bis zehn Millimeter tief im Schaftrohr sitzen. Das nachträgliche Entfernen der Kralle ist nicht mehr möglich – durch ihre konkave Wölbung nach unten stemmt sie sich bei Zug gegen die Innenwände des Gabelschaftes, denn genau das ist ja ihre Funktion.

Achtung!

- → **Die Kralle muss etwas größer sein als der Innendurchmesser des Schaftrohrs.**
- → **Beim Einschlagen darauf achten, dass sich die Kralle nicht schräg verkantet.**

9 STEUERSATZ EINSTELLEN

Endlich: Sind Gabel und Vorbau eingebaut, bekommt Ihr Rahmen sein Gesicht. Jetzt können Sie den Steuersatz einstellen.

Jetzt können Sie die gesamte Bikefront montieren. Bauen Sie den Steuersatz zusammen, und achten Sie dabei besonders darauf, dass die Dichtungen nicht verrutschen. Vergessen Sie nicht, alle Teile einzufetten. Achten Sie bei offenen Kugellager-Steuersätzen darauf, dass die Kugelreihen richtig herum in der Lauffläche liegen. Bringen Sie dann den Vorbau mit Spacern in die richtige Position. Zum Einstellen des Lenkkopflagers ist Fingerspitzengefühl gefragt. Das Ziel hierbei: Die Gabel soll sich fast ohne Widerstand drehen lassen, darf aber auch nicht zu lose sein und wackeln. Ziehen Sie dazu die Schraube in der Ahead-Kappe schrittweise an, bis sich die Gabel etwas schwerer drehen lässt. Drehen Sie die Schraube danach wieder eine viertel Umdrehung zurück. Wenn der Steuersatz spielfrei und leichtgängig läuft, ziehen Sie die Vorbau-Klemmschrauben an. Achten Sie dabei unbedingt auf das vom Hersteller vorgeschriebene Drehmoment!

Achtung!

- → **Bei der Steuersatzmontage alle Teile leicht einfetten.**
- → **Steuersatz soll absolut spielfrei und leichtgängig laufen.**
- → **Aheadset-Schraube schrittweise anziehen, danach eine viertel Umdrehung zurück.**

10 INNENLAGER EINBAUEN

Moderne Patronen-Innenlager lassen sich problemlos einbauen. Trotzdem ist auch hier Fingerspitzengefühl gefragt.

Vergewissern Sie sich, dass die Gewindegänge im Rahmen absolut sauber und frei von Schleifstaub oder Fräsresten sind. Fetten Sie dann Rahmen- und Tretlagergewinde gründlich ein (am besten mit Kupferpaste). Schrauben Sie von Hand sowohl die Patronenseite als auch die Gegenhülse drei bis vier Gewindegänge ein. Vorsicht: Das Gewinde ist schneller kaputt, als man denkt. Wenn Sie einen Widerstand spüren, auf keinen Fall mit Gewalt weiterdrehen. Die linke Seite besitzt ein Rechts- und die rechte Seite ein Linksgewinde. Schrauben Sie jetzt die rechte Seite mit einer Spezialnuss oder einem anderen geeigneten Werkzeug mit dem richtigen Drehmoment fest (Herstellerangaben beachten!). Genau gleich gehen Sie auf der linken Seite vor.

Achtung!

- → **Die Gewinde müssen absolut sauber sein.**
- → **Alle Gewinde gut einfetten.**
- → **Innenlager zunächst von Hand einschrauben.**

11 KURBELN ANBRINGEN

Mit einer exakten Montage der Kurbeln können Sie nervenden Knackgeräuschen beim Treten vorbeugen.

Knackgeräusche beim Treten sind meist auf einen unsauberen Einbau des Innenlagers und der Kurbel zurückzuführen. Das können Sie sich ersparen. Fetten Sie die Laufflächen der Innenlager-Achse und der entsprechenden Aufnahme an den Kurbeln mit Kupferpaste ein. Ziehen Sie die Kurbeln dann mit den Kurbelschrauben auf die Achse. Üblicherweise brauchen Sie dazu einen Acht-Millimeter-Inbusschlüssel. Vorsicht bei den neuen Vielzahn-Innenlagern: Achten Sie vor dem Festziehen unbedingt darauf, dass die Verzahnung auch wirklich greift, sonst leidet das gute Stück schnell an Zahnausfall.

Achtung!

- → **Gleitflächen an Innenlager und Kurbeln mit Kupferpaste fetten – das schützt vor lästigem Knacken.**
- → **Bei Vielzahn-Innenlagern: Auf richtigen Sitz achten.**

12 UMWERFER UND SCHALTWERK

Schaltwerk- und Umwerfer-Montage: Der Anbau der Schaltkomponenten ist ein Kinderspiel.

Gewisse Schwierigkeiten kommen erst, wenn man die Schaltung einstellen muss. Bei der Montage des Schaltwerkes an sich können Sie eigentlich nichts falsch machen: Fetten Sie das Gewinde leicht ein, und schrauben Sie das Schaltwerk ins Schaltauge. Achten Sie auch hier darauf, dass die Schraube nicht verkantet. Beim Umwerfer umschließt die Schelle das Sitzrohr. Verfahren Sie beim Montieren am besten nach der Anleitung des Herstellers. Nur die Justage des Umwerfers ist etwas diffizil: Das äußere Leitblech des Umwerfers muss exakt parallel zum Kettenblatt und im gespannten Zustand (großes Kettenblatt) etwa zwei bis drei Millimeter über dem Kettenblatt stehen.

Achtung!

- → **Auch hier alle Schrauben einfetten.**
- → **Umwerfer: Auf parallele Positionierung achten.**

13 LENKZENTRALE MONTIEREN

Ihr Schmuckstück wird langsam zum Bike. Jetzt können Sie Lenker, Schalt- und Bremshebel sowie Griffe anbringen.

Achten Sie beim Montieren des Lenkers darauf, dass die Kontaktfläche zwischen Lenker und Vorbau absolut sauber und fettfrei ist. Nur die Klemmschrauben des Vorbaus sollte man leicht einfetten. Positionieren Sie Schalt- und Bremshebel grob, und montieren Sie die Griffe. Hier sind Screw-on-Schraubgriffe von Syntace gezeigt. Herkömmliche Gummigriffe halten am besten, wenn man Sie mit Spiritus oder Haarspray montiert. Haarspray hat zusätzlich eine klebende Wirkung.

Achtung!

→ **Kontaktfläche zwischen Lenker und Vorbau fettfrei halten.**
→ **Schalt- und Bremshebel grob positionieren.**
→ **Griffe mit Haarspray oder Spiritus montieren.**

14 BREMSEN VORMONTIEREN

Soll eine Scheibenbremse ans Rad, empfehlen wir noch einmal den Rückblick auf Punkt vier.

V-Brake-Fahrer können sofort loslegen: Etwas Fett auf die Cantileversockel geben, die Bremsschenkel paarweise darauf schieben und mit den dazugehörigen Schrauben und Unterlegscheiben fixieren. Magura-Hydraulik-Felgenbremsen sind heutzutage soweit vormontiert, dass man sie direkt auf die Sockel setzen kann. Sie sollten zunächst jedoch nur locker angezogen werden. Ebenso die Sättel von Scheibenbremsen: Nur handfest anziehen! Nach dem Einsetzen der Laufräder kann es noch so manche Überraschung geben. Unterlegscheiben und Adapter so einfügen, wie es die Montageanleitung des jeweiligen Modells vorschreibt. Hydraulik-Leitungen: Die meisten Rahmen besitzen offene Führungen, an denen sich die Leitungen mit Kabelbindern fixieren lassen.
Tipp: Auch hier erstmal lose spannen.

Achtung!

→ **Cantileversockel bei V-Brakes fetten.**
→ **Disc-Ösen an den Auflagen von Lack befreien.**

15 ENDMONTAGE DER LAUFRÄDER

Eine runde Sache – aber erst wenn Zahnkranz, Schlauch, Reifen und Bremsscheiben korrekt montiert sind.

Das Aufziehen der Reifen dürfte für die meisten Biker kein Problem sein. Achtung: Wer Tubeless-Pneus montiert, darf keine Reifenheber benutzen. Tipp: Die Felgenhörner mit Seifenwasser benetzen, damit es flutscht. Auch bei der Zahnkranz-Kassette kann man nicht viel falsch machen: Sie passt nur in einer bestimmten Position auf den Freilauf. Am besten belassen Sie die Reihenfolge aller Teile so, wie sie auf dem Dorn in der Verpackung sitzen. Zum Anziehen des Verschlussrings benötigt man einen Abzieher. Auf seiner Außenseite passt ein Maulschlüssel, mit der Innenseite greift er die Innenzacken des Rings. Die Bremsscheiben so positionieren, dass der aufgedruckte Pfeil in Laufrichtung zeigt. Wichtig: Die Schrauben vor dem Eindrehen mit einem Tropfen Schraubensicherung versehen! Jetzt kommt noch der Torx-Schraubendreher (Größe 25) zum Einsatz – fertig.

Achtung!

- **Freilauf vor dem Aufschieben der Kassette leicht fetten.**
- **Schrauben mit »Loctite mittelfest« sichern.**

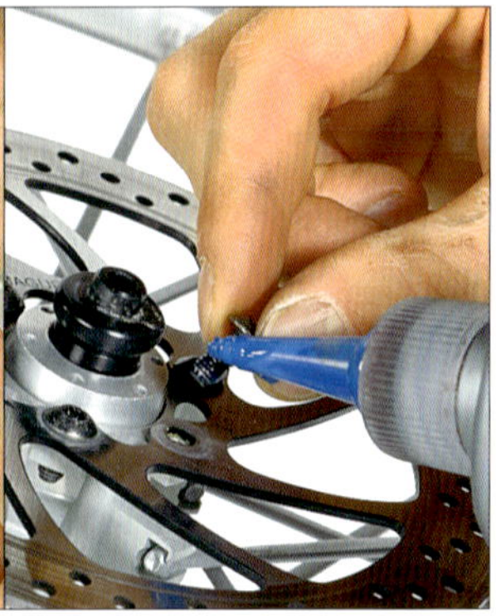

16 BREMSEN JUSTIEREN

Besonders bei Scheibenbremsen wird es jetzt spannend: Läuft die Scheibe gleich ohne Schleifen?

Achtung: Niemals die Bremshebel betätigen, bevor man die Laufräder einsetzt. Selbstnachstellende Beläge bleiben sonst ausgefahren stehen und verschließen den Spalt für die Scheibe. Sie müssen dann erst umständlich zurückgedrückt werden (Beschädigungsgefahr!). Wenn man die Räder nun einsetzt, sollte die Scheibe exakt zwischen die Bremsbeläge gleiten. Funktioniert dies nicht, bitte folgendes probieren: Entfernen Sie zuerst den Lack dort vom Ausfallende, wo die Nabe am Rahmen aufliegt. Hilft das nicht, kann man den Bremssattel mit hauchdünnen Unterlegscheiben zwischen Rahmen und Sattel seitlich ausrichten, bis sich die Scheibe ohne Schleifen dreht. Nicht vergessen, die Befestigungsschrauben der Sättel zum Schluss richtig anzuziehen! V-Brake-Fahrer müssen nur die Bremsbeläge an der Felge ausrichten. Tipp: Leicht schräg einstellen, sodass der Belag vorne zuerst die Felge berührt.

Achtung!

- **Darauf achten, dass die Laufräder korrekt in den Ausfallenden sitzen.**

17 SEILZÜGE VERLEGEN

Reibungsverluste vermeiden: Züge so kurz wie möglich und so lang wie nötig verlegen.

Das Maß der Dinge: Bei voll eingeschlagenem Lenker dürfen sich die Züge gerade eben ums Steuerrohr spannen. Jetzt noch ungefähr einen Zentimeter zugeben. Schalt- und Bremshebel sollten beim Test schon so stehen, wie man sie später benutzen will. Achtung bei Fullys: Der einfedernde Hinterbau darf den Verlauf der Züge nicht beeinträchtigen. Hydraulik-Bremsleitungen verzeihen zwar eine großzügige Verlegung, dennoch sollten auch sie schon aus optischen Gründen harmonisch verlaufen. Wenn Sie sich das Kürzen und Neubefüllen nicht zutrauen, überlassen Sie dies dem Fachmann.

Achtung!

- **Spezial-Zange zum Abschneiden der Außenhüllen verwenden.**
- **Bowdenzüge vor dem Einziehen leicht einfetten.**

Dank

An Matthias Rotter, der einen Großteil für dieses Buch geliefert hat. An die Test- und Technikredaktion des Magazins BIKE, deren Artikel zum Teil Grundlagen für Kapitel dieses Buchs bilden.
An Dirk Belling und Martin Kirchner von SRAM und an Toxoholics.de.
Thomas Rögner

Bibliografische Information Der Deutschen Bibliothek
Die Deutsche Bibliothek verzeichnet diese Publikation in der Deutschen Nationalbibliografie; detaillierte bibliografische Daten sind im Internet über »http://dnb.ddb.de« abrufbar.

7., überarbeitete Auflage
ISBN 3-7688-1639-7
ISBN 978-3-7688-1639-7
© by Delius, Klasing & Co. KG, Bielefeld

Umschlag: Ekkehard Schonart
Innenlayout: Hildegard Imping
Alle Fotos (einschließlich Titel): Daniel Simon
mit Ausnahme der folgend aufgeführten:
Tom Bierl: 9, 10
Christian Blecher: 19, 114 (o.)
Robert Boesch: 30, 31
Dirk Deckbar: 25
Heinz Endler: 23, 26 (u.)
Franz Faltermaier: 84, 88, 102, 114, 115, 136, 137, 138
Wolfgang Gabler: 26 (o.)
Eva Kaschewski: 97 (re.)
Ronny Kiaulehn: 64, 95, 116
Hans Kovacs: 42
Stefan Obermeier: 104, 105
Thomas Rögner: 25 (u.)
Ulli Seer: 6
Shimano: 50
Storck Bicycle: 20
Toxoholics: 100, 101, 115
Wolfgang Watzke: 78, 107, 124
Grafiken: Hildegard Imping: 116
Shimano: 50, 61, 68, 87
Stefan Stacheter: 12, 14, 15, 16, 66
Reproduktion: scanlitho.teams, Bielefeld
Druck: Kunst- und Werbedruck, Bad Oeynhausen
Printed in Germany 2005

Delius Klasing Verlag,
Siekerwall 21, 33602 Bielefeld,
Tel.: 0521/559-0, Fax: 0521/559113
e-mail: info@delius-klasing.de
www.delius-klasing.de